U0348342

◎ 杜新豪 著

金汁

中国传统肥料知识与技术实践研究（10—19世纪）

中国农业科学技术出版社

图书在版编目（CIP）数据

金汁：中国传统肥料知识与技术实践研究：10—19世纪 / 杜新豪著 . — 北京：中国农业科学技术出版社，2018.2

ISBN 978-7-5116-3422-1

Ⅰ . ①金… Ⅱ . ①杜… Ⅲ . ①肥料—技术史—研究—中国— 10 世纪 –19 世纪 Ⅳ . ① S14–092

中国版本图书馆 CIP 数据核字（2017）第 321032 号

责任编辑	朱　绯
责任校对	李向荣

出 版 者	中国农业科学技术出版社
	北京市中关村南大街 12 号　邮编：100081
电　　话	（010）82106626（编辑室）（010）82109702（发行部）
	（010）82109709（读者服务部）
传　　真	（010）82106626
网　　址	http://www.castp.cn
发　　行	全国各地新华书店
印 刷 者	北京建宏印刷有限公司
开　　本	787 mm×1 092 mm　1 /16
印　　张	14.5
字　　数	223 千字
版　　次	2018 年 2 月第 1 版　2019 年 3 月第 2 次印刷
定　　价	46.00 元

序 言

粪土与文明

新豪的著作就要出版了，这对于忝为人师的我来说，实在是一件值得高兴和纪念的事。值此之际，写下我对中国传统肥料技术的一点亲历、认识，以及本书选题的一些背景及特色，既表达对著作出版的祝贺，也冀望有助读者诸君对本书的理解。

肥料，特别是其中的粪肥，在使用抽水马桶、养着宠物的城里人看来，是很陌生的，但对于出生在农村的我来说，是最熟悉不过的了。拾粪是我乡村生活记忆中最重要的一部分。至今我依然记得，冬日清晨，我和小我两岁的弟弟，一人负责前面照明，一人左手提筐、右手执耙，在村前村后捡拾狗粪的情形。时为20世纪六七十年代的人民公社时期，生产队每天都要收集各家捡拾的粪便，过秤后给各家计入相应的工分。人们为了积肥总是想尽各种办法。各家都有自己的厕所（茅房，敝乡土语称为"窖"），上厕所产生的粪便经过腐熟之后，便是农田中最好的肥料。各家的房前屋后也都有沤粪坑，生活中产生的各种垃圾和废弃物，打扫之后倒入沤粪坑，经过一段时间的堆放发酵，送到田间地头。在村民的眼里，具有肥力的东西很多：塘中的污泥、作物的枯枝败叶、禽畜的羽毛兽骨、老墙上的硝土，等等，都是上好的肥料，即便是房屋中每日来回踏过的地皮土，隔段时间也要用锄头刮去一层，送到地里。养猪是积肥的主要方法。人民公社时期，每家每户一年到头总要养上两三头猪。在完成国家下达的生猪征购任务，增加收入、改善生活的同时，重要的是积肥。这是一项古老的传统，养猪很早就已成为定居农耕的标配。古人云："种田不养猪，秀才不读书，必无成功。"猪在把生产和生活中的废弃物和剩余劳动力，变成宗庙之牺和盘中之餐的同时，也产生出了大量的厩肥，成为农家肥的主要来源。虽然养猪直接的产出未必很多，但间接的收入却相当可观。在农村中就流传着这样的农谚，"养猪不挣钱，回头望望田。""猪多肥多粮亦多。"养牛、养羊、养鸡、鸭、鹅等也是同样的道理。当然养牛还有一项重要的功能，即为农业提供动力。

少年的生活经历，虽然没有培养出我对肥料的兴趣，但却使我懂得肥料的重要性。从小知道一句话："庄稼一枝花，全靠肥当家"。长大以后，更加理解肥料对于农业社会的意义，它甚至是构成人类文明的基石。世界各国的农业发展都曾经或者正在面临地力衰竭的困扰。有一种观点认为，古巴比伦、古埃及、古印度、古罗马，甚至是美洲的玛雅文明的衰落都与地力下降有关。地力下降也一直是困扰中国农业发展的主要因素。中国历史上的商朝在盘庚迁殷之前多次迁都，也有一种观点认为是原始的撂荒耕作方式使国都附近的地力下降，因而不足以维持一个国都运作所致。早在先秦时代，中国人就认识到"土敝则草木不长，气衰则生物不遂"。土地不时地被撂荒，不是因为人口稀少、劳力短缺，而是因为地力的耗尽。汉文帝（公元前202年—前157年）统治时期号称盛世，但由地力下降所导致的农业衰退非常明显。在连续几年减产之后，文帝下发的一则诏书中提到，耕地面积没有减少，人口也没有增加，人均耕地比以前还多，但食物却严重不足。^①宋人发现，"凡田土种三五年，其力已乏"^②。宋朝以后，随着人口的增长，土地利用率的提高，地力下降有加速之势。明清时期，中国最富庶的江南地区就一直存在有所谓"暗荒"的说法，其最突出的表

---

① 《汉书·文帝纪》："间者数年比不登，又有水旱疾疫之灾，朕甚忧之。……何其民食之寡乏也！夫度田非益寡，而计民未加益，以口量地，其于古犹有余，而食之甚不足者，其咎安在？"（（汉）班固：《汉书·卷四·文帝纪第四》，北京：中华书局，1962年版，第128页）。

② （宋）陈旉著，万国鼎校注：《陈旉农书校注》，北京：农业出版社，1965年版，第34页。

现就是单位面积产量递减①。以明代苏州府长洲县为例，嘉靖年间，垦田一亩，收谷一石。隆庆、万历以后，不能五斗，"粪非不多，力非不勤，而所入不当昔之半。"从"粪非不多"的情况来看，产量的下降并非施肥减少所致，而可能是某些肥料元素缺乏引起。古人不解于此，而将其归之于"时"，认为"土宜之畅遂，物力之凋耗，有不知其所以然者，故曰时为之也。"②同样的情况也出现在明末清初的直隶等地③。近代以后，随着化学肥料的兴起，农业对于肥料的需求得到暂时缓解，但直到今天，世界各国的农业依然面临着肥料的问题，有关化学肥料和有机肥料的争论总是不绝于耳。

虽然中国历史上的某些时段或局部地区也发生过地力衰竭的现象，但中国文明并没有像其他文明一样因为地力的下降而中断，这很大程度上要归功于中国人找到了抑制地力衰竭的"解药"，这个解药就是肥料的使用。两千多年前，中国人就认识到"地可使肥，亦可使棘"的道理。汉字中，粪的本义是废弃物，但人们似乎很早就利用这种废弃物充当肥料来维持并增进地力。从先秦时代开始，"多粪肥田，是农夫众庶之事也。"④宋代更提出了地力常新壮的理论。

历史上的中国人不仅善于积肥，更加善于用粪。中国人开始使用肥料之后的很长一段时间里，人们认为肥料对于农业的作用总是正向的，因此提出"多粪肥田"，到后来才发现，粪也并非越多越好。先是发现"骤用生粪，又布粪过多，粪力峻热，即烧杀物，反为害矣。"⑤后来又发现"无

---

① 清姜皋在《浦泖农咨》一书中说："天时旱潦，岁不常有也。吾所忧者，地力之不复耳。昔时田有三百箇稻者，获米三十斗，所谓三石田稻是也。自癸未（道光三年，1823年）大水后，田脚遂薄。有力膏壅者所收亦仅二石，下者苟且插种，其所收往往获不偿费矣。地气薄而农民困，农民困而收成益寡。故近今十年，无岁不称暗荒也。"《续修四库全书976子部·农家类》，第214页。

② 乾隆《江南通志》卷二十二《舆地志·公署》，第18b页。

③（清）梁清远：《雕丘杂录》卷15。

④（清）王先谦：《荀子集解·富国篇第十》，北京：中华书局，1988年版，第183页。

⑤（元）王祯：《王祯农书》，王毓瑚校，北京：农业出版社，1981年版，第37页。

3

力之家，既苦少壅薄收；粪多之家，每患过肥谷秕。"[1] 明代这种过肥引起的谷秕在富庶的江南并不少见，人们将其称之为"肥胸"[2]，也即现代人所称的"徒长"。徒长的发生对于水稻等禾谷类作物的收成是不利的，于是在"多粪肥田"保证"地力常新"的同时，更强调"用粪得理"，进而提出"用粪犹用药"。农民在用粪之时，不仅注意肥料的生熟、土壤的性质、用粪的先后（垫底和接力），更注重在使用追肥时作物自身的长势和长相，也即所谓的"看苗施肥"。

古代中国人的关于肥料的理论与实践，不仅养活了世界上最多的人口，也养育了中国数千年的灿烂文明。1898年，俄国驻华外交官 D·马克戈万在一本关于中国的书中写道："可以说没有粪便作肥料，就没有中国农民的粮食大丰收，也就不会有成千上万的中国人。可见人的粪便对中国的农民来说该有多么重要。"[3] 1909年，麦高温（John MacGowan）在《中国人生活的明与暗》一书中写道："什么东西最好、同时又是最经济实用的呢？这是中国人在很久以前就开始讨论的问题，这种东西就是粪便，古人认为它是任何别的东西都无法比拟的好东西。后代们也赞同祖先的观点，所以，直至今天粪便仍然是农民所用的肥料中最好的，因为它既物美又价廉。没有粪便就没有中国的今天，这一点是无庸置疑的，在贫困地区，土地相对贫瘠和低产，如果没有粪便，许多地方就会荒芜；许多家庭培养出了优秀的儿子，他们成了这个帝国的卓越人士，如果没有粪便，这些伟大人物也可能就被埋没了。"[4] 美国农学家金（F. H. King）经过调查，认为中国所取得的"非凡的农业实践成就"，都可归因于普遍地保存和利用人类通常遗弃的一切垃圾和废物。曾在中国居住过的德国农学家瓦格勒（W. Wagner）根据他自己亲身见闻说："在中国人口稠密和千百年来耕种

---

[1]（清）张履祥辑补，陈恒力校释：《补农书校释（增订本）》，北京：农业出版社，1983年版，第36页。

[2]（明）马一龙：《农说》，北京：中华书局，1985年版，第5页。

[3]［俄］D·马克戈万，脱启明译：《尘埃》，北京：时代文艺出版社，2004年版，第223页。

[4]［英］麦高温：《中国人生活的明与暗》，北京：时事出版社，1998年版，第301页。

的地带，一直到现在未呈现土地疲敝的现象，这要归功于他们的农民细心施肥这一点。丝毫没有疑义，在中国农民除了在自己的家园中极小心地收集一切废料残渣，并收买城市中的肥料，又不辞劳苦去收集使用一切发臭的资料，在一千年和一千年以前，他们的先人已经知道这些东西具有肥料的力量"①。

　　肥料的使用不仅解决了地力衰竭的问题，同时也解决了由垃圾和废弃物所引发的环境卫生问题。麦高温在《中国人生活的明与暗》一书中还写道："粪便带来了两方面的问题，一是造成环境污染，二是带来了处理粪便所需的财政开支，这两个问题都是致命的，以致要设计出一种复杂而完美的机器来对粪便进行收集。"②但中国历史上，似乎并没有出现过严重的地力衰竭和由于废弃物及垃圾粪便等所引发的环境卫生问题，更没有因为要处理粪便引发财政危机。相反，垃圾粪便不仅没有成为环境的负担，反而成为人们竞相追逐的财富。新豪这本书中就讲到过这样的例子，在南宋的首都杭州，垃圾粪土成了一桩可以买卖的杂货之一。据南宋吴自牧《梦粱录》的记载，居民家里的泔浆，每天都会有人过来讨要。杭州城里人口众多，小户人家，大多没有茅坑厕所，只用马桶，每天都会有出粪人过来到，这行还有一个专门的名字，叫"倾脚头"，每个"倾脚头"都有自己的主顾，不会互相争抢；发生争抢时，粪主必然和他发生争执，甚至不惜大打官司，直到胜诉，才肯罢休。粪肥交易日益庞大起来，甚至有了专门从事收购城市粪便卖给乡下当肥料的行业"壅业"。在老北京的三百六十行中就有"大粪厂"这样一个行当。"每日派人背一木桶收取各住户、铺户之粪，用小车运回，晒干卖为肥料。事虽简单，而行道极大，行规也很严，某厂收取某胡同之粪，各有道路，不得侵越。如不欲接作时，可将该道路卖出，亦曰'出倒'。接作者须花钱若干，方能买得收取权，如今尚仍如此。"③

---

① 〔德〕瓦格勒著，王建新译：《中国农书》，北京：商务印书馆，1936年版，第240页。
② 〔英〕麦高温：《中国人生活的明与暗》，北京：时事出版社，1998年版，第301页。
③ 齐如山：《北京三百六十行》，北京：宝文堂书店，1989年版，第46页。

　　明清时期，来到中国的外国人对中国人买卖粪便留下了深刻的印象。葡萄牙人加里奥特·佩雷拉（Galeote Pereira）在他的著作《关于中国的一些情况：1553—1563》提到："这儿的人粪也值钱，我们以为那是由于缺少牲畜的缘故，其实不然，因为全中国都在利用这种东西。男子们在街上捡粪，如果对方愿意，就用蔬菜或柴交换购粪。从保持城市良好卫生来说，这是一个好习惯，城市极其干净，因为没有这些脏东西。"[①]1569年，葡萄牙传教士加斯帕尔·达·克鲁斯（Gaspar da Cruz）所著《中国情况介绍》；1580年，葡萄牙人费尔南·门德斯·平托（Fernao Mendez Pinto）的《游记》；1793年，来华的著名英国马嘎尔尼（George Macartney，1733—1806）使团团员之一的斯丹东（George L. Staunton）的访华见闻录《英使谒见乾隆纪实》；1835年，英国传教士麦都思（W. H. Medhurst）的《中国：目前的状况和未来的前途》；1909年，英国传教士麦高温在《中国人生活的明与暗》等书中都对中国历史上的粪肥收集、买卖和使用，并成功解决城市的环境卫生问题，作了较为详细的记录。马克思（Karl Marx）和他同时代英国人科勃尔德（Robert Henry Cobbold）对中国的垃圾和废弃物的处理方式予以了高度肯定。马克思说："消费排泄物对农业来说最为重要。在利用这种排泄物方面，资本主义经济浪费很大；例如，在伦敦450万人的粪便，就没有什么好的处理办法，只好花很多钱来污染泰晤士河。"但"在小规模的园艺式的农业中，例如在伦巴第，在中国南部，在日本，也有过这种巨大节约。"[②]科勃尔德在1860年出版的一本名为《中国人的自画像》（*Pictures of the Chinese Drawn by Themselves*）的书中记载了中国城镇粪肥下乡，卖给农民，以及粪肥广泛使用的情况。据他估计，伦敦城每年流入泰晤士河的东西价值高达100万英镑。这每年100万的投资不但未改良土地，反而至少危及数千名被迫吸入有毒气体的人的生命。相比之下，他认为"中国人对他们这种原始、简单、有效但不雅观

---

① ［葡］费尔南·门德斯·平托：《葡萄牙人在华见闻录：十六世纪手稿》，海口：三环出版社，1998年，第37页。

② ［德］马克思：《资本论》第3卷(1894年)，《马克思恩格斯全集》第25卷，北京：人民出版社，1975年版，第116页。

的处理有害物质的方式还应该感到自豪。"①

　　然而，经过历史检验，也为西方人所赞叹的中国肥料技术，并没有在今天的中国发扬光大，更没有为近代的西方所接受和传承，相反从垃圾和粪便中产生的中国文明，却面临着前所未有的来自西方的近代肥料技术的冲击。1840 年，德国化学家尤斯图斯·冯·李比希（Justus von Liebig，1803—1873）出版了《化学在农业及生理学上的应用》一书，他认为粪便等有机质只有分解释放出矿物质时才对植物有营养作用（粪便等有机质被微生物分解成 CO_2、水和矿质元素的离子形式，然后被植吸收）。他认为只有矿物质才是绿色植物唯一的养料。李比希还指出，作物从土壤中吸走的矿物质养分必须以肥料形式如数归还土壤，否则土壤将日益贫瘠。李比希的土壤肥料学说引起了农业理论的一场革命，为化肥的诞生提供了理论基础。他发现了氮对于植物营养的重要性，因此也被称为"肥料工业之父"。1840 年以后，中国古老的农耕文明与现代工业化的农业文明渐行渐远。而这种趋势在最近的数十年间更有明显的加速之势。新豪刚入而立之年，在其成长的 30 年中，中国传统的肥料已经走进历史，20 世纪 80 年代的新农谚就说："不要黄的，不挖黑的，不种绿的，只要白的。"黄指人粪尿，黑指河塘泥，绿指种植绿肥，白指各种化肥。就是说，化肥击败了传统农业的所有有机肥料，并取而代之。而由此引发的资源和环境问题也日益引起人们的广泛关注。

　　是时候为中国古老的肥料技术树碑立传了。农业发展的核心问题之一便是肥料。而垃圾粪便又是传统肥料最重要的组成部分。农业的历史在某种程度上也是与垃圾和粪便打交道的历史。因为垃圾和粪便是伴随人类的生活与生俱来的，它和人类文明息息相关。即便是太空时代仍然要解决如厕的问题。有一种观点认为，农业的最初起源地便是人类生活的垃圾堆，或者说农业的发明受到了垃圾堆的启发。这便是农业起源的垃圾堆假说。如果这一假说成立的话，垃圾似乎很早就在无意中扮演了某种"肥料"的角色。但在很长时间内，人们并没有有意识地使用垃圾粪便充当肥料，甚

---

① ［英］罗伯茨：《十九世纪西方人眼中的中国》，北京：时事出版社，1999 年版，第 123 页。

至根本就不懂施肥，尤其是将人类的粪便当肥料更在一些民族文化中成为禁忌。休闲（中国古代称为"易"）是古代农业恢复地力的主要方式。古罗马帝国时期一些管理较好的奴隶制大地产（Latifundium）确曾施用过肥料来提高生产，但进入中世纪以后却只采用休闲或放牧方式来恢复地力。11世纪之后施肥在部分庄园得到恢复，18世纪以后才较为普遍。但欧洲历史上使用的肥料主要来自于动物的粪便，而对于人类自身所产生的垃圾和粪便却没有一个很好的处理办法，特别是到了19世纪以后，化学肥料大行其道，垃圾和人畜粪便更被弃置于不顾，由此所引发的环境问题日益严重。而中国古代农业却提供了一种完全不同的图景。垃圾和粪便得到很好的利用，不仅没有成为环境的负担，反而是变废为宝，成为循环经济的先驱。

和悠久而又丰富的中国肥料历史和文化内涵相比，农史界在这方面所做的工作显然还不够。除了像《中国农业科学技术史稿》（梁家勉主编，农业出版社，1989年）等著作章节对中国的肥料史有不同程度的论述之外，专题研究方面，先是有曹隆恭的《肥料史话》（农业出版社，1984年）对中国肥料史作了简要的通史式概述；后是有周广西的《明清时期中国传统肥料技术研究》（南京农业大学博士学位论文，2006年）对明清时期的肥料技术进行了断代史式的研究。这些著作遵循着传统的科技史研究路数，力求挖掘肥料技术的科学内涵。就肥料在农业生产中的重要性及资料的丰富性而言，肥料技术史显然还有值得深究的空间。而就在中国传统肥料技术日渐进入历史的时候，科技史研究的自身也在发生转向，学者们已不再满足于对于古代科技成就的发掘和直观历史现象的描述，更多的是试图去探讨历史现象所发生的机制，关注科技知识的创造、传播、应用以及相关的政治、经济、文化等的历史背景。与此同时，环境史学异军突起，成为新时代史学的显学。肥料史的问题既是科技史的问题，同时也是一个环境史的问题。新豪是一位年轻的科技史研究工作者。他2009年进入中国科学院自然科学史研究所学习，先后获得硕士（2012年）和博士学位（2015年）。入学以来，就开始从环境史和知识史的角度关注中国历史上的肥料的问题，并取得了不俗的学术表现。硕士期间发表的论文就曾被中国人民大学复印报刊资料《经济史》全文转载。本书则是在他的博士论文基础上经过修改充实完成的。

作为一本肥料技术史论著，本书从整体上展示出了一种新的气象。新豪认为，中国历史上存在两种截然不同的农学传统：士人农学传统和农民农学传统。与之相关的是，他将技术视作一个过程，这其中既有农民的参与，又有士人的加入。从过程论的角度来审视中国肥料技术的历史，他认为完整的肥料技术应该包括施肥原理阐述、肥料的收集、施肥的器具、肥料的制作、肥料技术的传播以及施肥技术六个方面，在这六个方面中农民和士人所扮演的角色及作用是不相同的。这种技术史观，避免了将肥料技术简化为积肥和施肥两个环节的作法，是对肥料技术史的一种开拓。新豪把对肥料史的关注从最为成熟的明清时期延伸到唐宋之交，将宋元明清，即 10—19 世纪的中国肥料技术史视作一个整体。这一延伸，使在史学界流行数十年，并为人所广泛接受的"唐宋变革"说，在肥料技术上也找到了依据。他认为，宋元明清时期，中国的肥料技术得到了长足的发展，但并没有因此接受时贤所提出的明清江南"肥料革命"的观点，相反他还从技术史的层面上围绕着饼肥的数量和追肥的程度，对"肥料革命"的观点提出商榷。新豪也没有就肥料而论肥料，他将肥料与唐宋以来的农业发展，人口增长、士人流动，乃至医药学和炼丹术的发展结合起来，从而使读者能够从更宽广的背景理解中国的肥料技术史。书中还附录了明代农书中所载主要作物之施肥方法以及中国古代肥料史年表。学术研究的最终目的不是要得出一个什么结论，而重要的在于启发人们的思考。相信新豪这些努力将有助于读者更加全面和深入地理解中国肥料史和农学史。是以至盼。

祝愿新豪在未来的工作中取得更加亮丽的成绩！

曾雄生

Preface

Composting Gold

In his path-breaking study Du Xinhao performs a work of alchemy, turning peasant manure into intellectual gold: he takes the case of fertilisers in pre-modern China to develop a complex and sophisticated set of nuanced, judiciously critical arguments about knowledge and practice in context. The result is not simply a valuable and original contribution to the history of agriculture in China, it also provides an excellent example of new ways forward in the history of science.

Every traditional farming society had, by necessity, a range of techniques for enriching the soil: grazing flocks on the stubble; piling up manure heaps beside the stables; building a public latrine next to the rice-paddy; dredging the ditches and digging in the mixture of mud, silt and weeds; growing a green manure like clover or beans to turn in before planting a hungry cereal crop like wheat; rotating different crops in the same field; digging in industrial waste like oil-cake; scattering the droppings from the silkworm-rearing sheds; etc. Not least because of China's vast geographical spread and its longevity, her farmers over the centuries and across her territories developed an exceptional variety of fertilising materials, practices and techniques. In the mid-nineteenth century, on the verge of launching a farming revolution by the development of industrial-scale production of chemical fertilisers, Justus von Liebig was (as Du Xinhao remarks) deeply impressed by how successfully Chinese farmers had kept their soils fertile by such apparently homespun methods over millennia of intensive use. Meanwhile, over those many centuries, China's indefatigable scholarly elite, sometimes in their capacity as landowning farmers, sometimes as part of their responsibilities as officials, made it their business to record, explain, assess and propagate these diverse methods of enriching the soil, often in ample detail, often with vigorous debate, generating an unparalleled wealth of written sources.

Du Xinhao's study mines these sources to provide a richly detailed chronological survey, making this study an indispensable sourcebook of empirical information for any serious historian of farming in imperial China. But the study goes much further in its ambitions. Rather than looking for "progress" over time, evaluated in the terms of modern science, in each chapter Du Xinhao explores a different angle on knowledge production as considered in the terms of the time: how were ideas about fertiliser linked to theories of medical drug action, for example, during the Song dynasty? Or how did the antiquarianism of late Ming and Qing scholar-agronomists like Xu Guangqi encourage their obsession with supposedly miraculous but actually ineffective ancient prescriptions such as "boiled fertiliser"? Taking as his inspiration Redfield's distinction between Great and Little Traditions – in this case, exemplified respectively by literate scholarly discourse and by embodied farming practice, the art of the writing-brush and the experience of the plough – Du Xinhao builds a convincing and challenging series of pictures of the looping feedbacks between "popular" and "learned" knowledge, probes the relative significance of theoretical conviction versus practical outcome, and alerts us to the multiple factors and vehicles that promote or impede the circulation and legitimation of knowledge and skills.

In recent years one cutting-edge trend among historians of science and technology in China has been to investigate more thoroughly the production of knowledge through text. What are the political, philosophical or pragmatic motivations behind the author's choices? Across what networks of time, space and social grouping does the knowledge he or she uses and produces travel? What "knowledge clusters" does a given author draw upon? What formats or technical devices are used to organise the work? These are just some of the questions that are opening new vistas in the history of science and technology in China, and across the world. [1]

One key theme in expanding our understanding of how knowledge is produced, transmitted, and re-produced or transformed as it travels is the co-production of knowledge between the textual experts who inscribe the knowledge, and the various expert practitioners who generate the raw materials from which, through observation and interpretation, the writer generates a textual rendition. [2] In the field of agronomy, as Du Xinhao notes, the producers of text (including such extraordinary polymaths as Jia Sixie and Xu Guangqi) are inclined to an unusual degree of humility compared to scholars in other technical fields when it comes to rating their own expertise against the

---

[1] Some useful works in Western languages include: Carla Nappi, *The Monkey and the Inkpot* (Cambridge, Mass: Harvard University Press, 2009); Florence Bretelle-Establet, '[Chinese Biographies of Experts in Medicine: What Uses Can We Make of Them?', *East Asian Science, Technology and Society* 3, no. 4 (1 December 2009): 421–451; Florence Bretelle-Establet and Karine Chemla, '[Introduction]: Qu'était-ce qu'écrire une encyclopédie en Chine?', *Extrême-Orient Extrême-Occident*, 2007, 7–18; Karine Chemla, ed., *History of Science, History of Text*, Boston Studies in the Philosophy of Science 238 (Dordrecht; New York: Springer, 2004); Dagmar Schäfer, ed., *Cultures of Knowledge : Technology in Chinese History*, Sinica Leidensia: V. 103 (Leiden; Boston: Brill, 2012); Dagmar Schäfer, *The Crafting of the 10 000 Things: Knowledge and Technology in Seventeenth-Century China.* (Chicago: University of Chicago Press, 2011).

[2] The foundational study here is Steven Shapin, *A Social History of Truth: Civility and Science in Seventeenth-Century England* (Chicago: University of Chicago Press, 1994). See also Sheila Jasanoff, ed., *States of Knowledge: The Co-Production of Science and the Social Order* (London & New York: Routledge, 2004).

"experience" of the "old peasant" or "expert farmer".[1] Yet, when it comes to the magic wrought by fertilisers even resolute pragmatists and experimenters like Jia and Xu often succumbed to the mystique of ancient written formulae, mantric and powerfully metaphoric, undaunted by the failure of the empirical evidence to confirm their theoretical constructs. Unlikely as it might seem initially that poking into the composition of ancient dungheaps would cast new light upon how Chinese intellectuals thought about cosmology and the nature of knowledge, the history of manures, as Du Xinhao convincingly demonstrates, provides a unique field of action and interpretation from which to reconstitute different types and patterns of co-production of knowledge. Du Xinhao is to be congratulated upon writing a fine and original contribution to the history of science and technology.

Francesca Bray
Edinburgh, February 2018

---

[1] Francesca Bray, 'Chinese Literati and the Transmission of Technological Knowledge: The Case of Agriculture', in *Cultures of Knowledge: Technology in Chinese History,* ed. Dagmar Schäfer (Leiden: Brill, 2012), 299–326.

目 录

导　言

> 夫治生之道，不仕则农。若昧于田畴，则多匮乏。只如稼穑之力，虽未逮于老农；规画之间，窃自同于后稷。
>
> ——（北魏）贾思勰《齐民要术·杂说》

> 农事备载方册，圣人或因时以设教，因事而为辞，其文散在六籍子史，广大浩博，未易伦类而究览也。贤大夫固常熟复之矣，宜不待申明然后知。乃若农夫野叟，不能尽皆周知，则临事不能无错失。
>
> ——（宋）陈旉《陈旉农书》

一、选题依据与意义

本研究主要关注中国历史上两种不同的农学传统：士人农学与农民农学以及二者的分野与交汇，关注士人的思想与革新实践以及普通农民的农事经验在宋代以降的肥料史中各自所扮演的角色。

在中国历史上存在着两种截然不同的农学传统，这点早在明清时期就已被时人所阐明，黄维翰在为何刚德的《抚郡农产考略》撰写的序中就提道："农有学乎？曰：有。农学者，农人之学耶？抑儒者之学耶？"[1]清晰地表明他认为在中国古代存在两种农学，即儒者的农学与农人的农学。在稍晚刊印的农书《农话》中，撰者陈启谦也抛出类似的观点，他认为："农学分为二大派，曰士夫之农学，曰农夫之农学"，并指出两者的区别是"士夫之农学详于理，农夫之农学详于法"[2]。从这两则史料可以看出，中国历史上存在两种截然不同的农学传统，即以士大夫为代表的识字阶层通过阅读农书、撰写农书与进行农事实验所形成的理论性农学和以目不识丁的农民为代表依靠积累农业实际生产经验形成的实践性农学，我们可将这两种农学分别命名为士人农学与农民农学。农学的这种双重性质在农学编史学中亦得到反映，一百多年前，德国农业经济学家克莫斯基（Richard Krzymowski）在其著作《农业哲学》中写道："关于农史之著作，多同时区分为农业之历史与农学之历史"[3]。

对于士人农学与农民农学在农业发展过程中所起的作用，历来存在着两种截然相反的观点，一种观点是士人在农学的发展中起主导作用，农学的发展高度依赖于士人，甚至他们把农业落后的原因全都归结为士人不撰写农书指导农民的农事活动，宋代农学家陈旉就曾抱怨道："士大夫每以耕桑之事为细民之业，孔门所不学，多忽焉而不复知，或知焉而不复论，或论焉而不复实"[4]；明代农学家马一龙在其《农说》的序言中也认为，其家乡溧阳农业之衰败是因为"农不知道，知道者又不屑明农，故天下昧昧，不务此业，而他图贾人之利"[5]；黄维翰亦持有相同的看法，认为当时农业衰落的原因是"儒鄙农学，不肯事事"，即便是"一不遇而遂至于困，勤力陇亩"的落魄士人，也会安于现状，把自己曾读过的农学典籍

---

① （清）何刚德：《抚郡农产考略》，清光绪三十三年（1907年）苏省印刷司重印本，第1页。

② （清）陈启谦：《农话》，上海：商务印书馆，光绪三十三年（1907年），第1页。

③ ［德］克莫斯基著，曹贯一译：《农业哲学》，上海：上海社会科学院出版社，2016年，第6页。

④ （宋）陈旉著，万国鼎校注：《陈旉农书校注》，北京：农业出版社，1965年，第21页。

⑤ （明）马一龙：《农说》，北京：中华书局，1985年，第1页。

荒废，即使心里清楚农学的精髓，也不愿将其传播给农民。[①] 而另一种观点是农民的实践才是农学发展的主要动力，士人的文本农学并不能发挥太大作用，乾隆年间的士人郝懿行就认为当时农书的撰写"皆出文人"，那么这样的农书中必然有诸多缺陷，而农民的"街谈里语，言皆着实"，所以他在撰写农学著作《宝训》时，坚持把农家的谚语放在书中，以"农语为经，诸书为传"，希望达到用农民的经验来检验农书中农学知识的目的，即其所谓的"以农证农"，并以孔子的"吾不如老农"来为自己的观点进行辩护。[②] 处在历史现场的时人尚且对此有诸种不同之见解，所以使得后世研究此段历史的学人变得更加迷惘，甚至同一位学者在不同阶段对此问题的认识也颇为矛盾，如科技史学家白馥兰（Francesca Bray）认为，在中国传统农学中，农业是将有关自然力及过程的宇宙论知识用于稼穑的一门科学，[③] 宋代以降，官员、士人以及编纂农书的小地主在农业技术的传播过程中起到了无可替代的作用。[④] 但翻开其在早年为李约瑟《中国科学技术史》所撰写的农学卷，却发现她在序言中认为农学家在农业发展中所起的作用比不上农民，她认为农业史的里程碑并不像其他自然科学那样是推演新法则，而是改革新工具和发现新作物。科卢梅拉（Columella）、贾思勰、徐光启或是杰维斯·马卡姆（Gervase Markham）等历史上伟大的农学家关心的并不是阐述理论，而是忠实记录下农民既有的农业经验及技术，并加以传播。[⑤] 从这个角度来说，研究士人农学与农民农学的分野及厘清他们各自对农业发展所起的作用具有重要的学术意义。

---

① （清）何刚德:《抚郡农产考略》，清光绪三十三年（1907年）苏省印刷司重印本，第1页。

② （清）郝懿行:《宝训》之《序言》，国立北平研究院植物学研究所藏光绪五年（1879年）本，第1—3页。

③ ［美］白馥兰著，曾雄生译:《齐民要术》，载《法国汉学》丛书编辑委员会编:《法国汉学》，第六辑，科技史专号，北京：中华书局，2002年，第146页。

④ ［美］Francesca Bray, Science, Technique, Technology: Passages between Matter and nowledge in Imperial Chinese Agriculture, The British Journal for the History of Science, Vol.41, No.3 (Sep. 2008), p320.

⑤ ［英］Joseph Needham, Science and Civilisation in China, Volume 6 Part II: Agriculture, by Francesca Bray, Cambridge University Press, 1984, xxiv.

在绝大多数人依赖土地里生长的庄稼过活的前工业时代，很少有比保持土壤肥力更重要的事情。因为耕种过一段时间的土地地力必然衰减，农学家陈旉就认为："土敝则苗草不长，气衰则生物不遂。凡田种三五年，其力已乏"[①]。只有时加沃土，以粪来培壅，才能保持地力的常新壮。早在殷商时期，我国先民就懂得用粪便来给农作物施肥，战国时期，"多粪肥田"便已被视为"农夫众庶之事"[②]，特别是宋代以降，生齿日繁而地不增广，如何在有限的土地上获取更多的粮食日益成为整个社会所关注的重要议题，为了生产出足够的粮食满足人们的需要，农民便努力提高现有耕地的复种指数，通过复种、间种、连作、套作等方式在一年中获得更多的收成，当时稻麦二熟制已经具有一定的规模，但稻麦二熟对地力损耗甚大，据姜皋《浦泖农咨》记载："二麦极耗田力，盖一经种麦，本年之稻必然歉薄"[③]，这种高强度的土地利用，导致在宋代某些地区就已出现了地力衰退的现象，这种情况在当时可能已经比较普遍，[④] 吴怿在《种艺必用》中就引用老农的话说当时已经出现："地久耕则耗，三十年前禾一穗若干粒，今减十分之三"[⑤] 的现象，为了维持地力，人们对肥料的利用比前代有了革命性的变革。明清时期，复种、间作、混作、套种等技术又得到了进一步的发展和普及，清代时，甚至通过对蒜、菠菜、白萝卜、小蓝、麦等蔬菜、粮食及快熟作物的间作套种，可以实现两年十三收的奇迹[⑥]，这种轮作制度对肥料的需求更加迫切，士人和农民都在肥料的搜集、积制、使用

---

① （宋）陈旉著，万国鼎校注：《陈旉农书校注》，北京：农业出版社，1965年，第34页。

② 安继民注译：《荀子》，《富国篇第十》，郑州：中州古籍出版社，2006年，第141页。

③ （清）姜皋：《浦泖农咨》，载《续修四库全书 976 子部·农家类》，上海：上海古籍出版社，2002年，第218页。

④ 曾雄生：《中国农业通史（宋辽夏金元卷）》，北京：中国农业出版社，2014年，第523页。

⑤ （宋）吴怿撰，（元）张福补遗，胡道静校录：《种艺必用》，北京：农业出版社，1963年，第17页。

⑥ （清）杨屾撰，齐倬注：《修齐直指》，载王毓瑚：《区种十种》，北京：财政经济出版社，1955年，第81页。

方面用力甚多，所以研究这一段时期的肥料史也就显得尤为重要。

在李比希（Justus von Liebig）的科学肥料学说创立之前，中西方的人们都已普遍意识到土壤好似一架机器，要经常把庄稼从土壤中拿走的东西归还给它，才能恢复它在生产中所消耗的"力量"，但是，土壤中的这种"力量"究竟是什么？却没有人能够搞清楚。[①] 早在科学施肥原理发现之前，中国古代的农学家们便结合中国古代哲学的阴阳五行学说、古农法、炼丹术等本土知识，围绕着施肥理论、肥效保存、新肥料研制、施肥技术等方面做了诸多努力与尝试，同时，士人还借助于任职或宦游各地的便利条件，对各地的肥料技术进行搜索与记录，并试图将先进的肥料技术传播到落后的地区，这些士人的农学思想与农事尝试对宋元明清肥料史的发展起到何种作用？这是本研究力图解决的问题之一。

在传统时期的农业发展中，作物品种的改良与新作物的推广主要仰仗于官方机构、有能力的世家大族或大规模迁徙的人群（如政府、商人、移民等），水利工程则主要是依赖各级政府或地方士绅组织民众来集体兴修与维护，个体农民在农业发展中最能充分发挥其技术的只有在肥料的搜集和使用方面，老农对施肥也有着深厚的知识，宋应星便认为："凡粪田……在老农心计也"，这为从技术史角度研究宋代以降的农民农学提供了良好的切入点。近年来，国际科学史界逐渐发生着一场"范式"的转化，即不只是单单研究主流科学家及其科技著作，而是把关注的焦点对准普通人的日常活动对科技发展所产生的影响，逐渐关注其"科学实作"，肥料技术史亦是窥视宋代以降普通农民"科学实作"的一个绝佳案例。

二、既往研究评述

克莱姆（Friedrich Klemm）在其《西方技术史》的开篇中写道："当人们在开创历史之时，他们事实上已经拥有了相当丰富的技术手段作为基

---

① ［德］李比希著，刘更另译：《化学在农业和生理学上的应用》，北京：农业出版社，1983年，第2页。

础"。① 对于一项肥料技术史的研究来说，情况依然如是，前辈学者在此领域业已提出过诸多的高见与卓识，为本研究的顺利进行奠定了良好基础。以下将从技术史、经济史与环境卫生史三个维度分述前贤在宋元明清时期肥料史研究中的已有贡献。

（一）技术史的视角

宋代以降，人多地少的矛盾在很多地区开始凸显出来，农民开始向山要地、与水争田，努力从广度上扩大耕地面积；另一方面，随着宜农土地被耕种殆尽，人们开始意识到"买田莫如粪田"，遂通过在已有土地上精耕细作，以在原有田地上增加单位面积作物的产量，肥料技术被视作农业增产的一种重要措施而倍受重视，施肥技术在理论和实践两个层面上都比前代有了重大改变。

迄今唯一对宋元明清肥料学史做通论性研究的只有曹隆恭的《肥料史话》②，它按照肥料技术的发展过程与标志性成果把我国施肥的历史划分为若干阶段，认为宋元时期为使用肥料技术进步与地力常新壮时期，明清两代是施肥技术的精细化时期；该书同时也对该时段突出的肥料技术成就加以叙述，宋元时期肥料学的成就有：肥料积制技术的进步、积肥设备（粪屋、砖窖）的出现、施肥原理与施肥技术的进步、果树与经济林木施肥的发展以及"地力常新壮"理论的提出；明清时期肥料技术进步的具体表现为：肥料种类的多样化、肥料积制与肥效保存技术的进一步发展、施肥技术的进步、"地力常新壮"论的发展以及重视养猪积肥。

在综合性农业通史著作方面，董恺忱、范楚玉主编的《中国科学技术史（农学卷）》③、梁家勉主编的《中国农业科学技术史稿》④、中国农业科学院与南京农学院中国农业遗产研究室编著的《中国农学史（初稿）上

---

① ［德］Friedrich Klemm, A History of Western Technology, The MIT Press, 1964, p1.
② 曹隆恭：《肥料史话》，北京：农业出版社，1984 年。
③ 董恺忱，范楚玉主编：《中国科学技术史（农学卷）》，北京：科学出版社，2000 年。
④ 梁家勉主编：《中国农业科学技术史稿》，北京：农业出版社，1989 年。

册》①与《中国农学史（初稿）下册》②、曾雄生独撰的《中国农学史》③等基本都是以古农书中所载的农业技术为研究对象，把中国古代农耕技术的发展、演变按时间顺序来归纳，在肥料史部分，通过对《陈旉农书》《王祯农书》《农政全书》《天工开物》等古农书中的土壤肥料学说的解读，对宋元明清时期有关施肥的理论、肥料的种类、肥料的积制方式以及施肥技术都有所涉及。白馥兰在李约瑟《中国科学技术史》第六卷"生物学及相关技术"的第 2 部分农业卷的写作中，按照在肥料史上的重要程度对中国历史上不同类型的肥料加以研究，从大粪开始，到禽畜粪便、绿肥，直至宋明时代因人口增加、农业集约后所用的麻枯、菜饼与豆饼等各种类型的饼肥，同时对中国古代的肥料积制技术及施肥方法皆有所论述。④

对宋元两代肥料史的研究基本是围绕着《陈旉农书》与《王祯农书》展开的，张芳、王思明主编的《中国农业科技史》对宋元的肥料种类进行了论述，认为宋元时期肥料种类比前代有了明显的增加，总计 60 余种，可分为 10 类；同时对肥料积制与保存方法、"用粪得理"的施肥理论以及施用追肥等宋元时期肥料技术的发展都进行了叙述⑤。范楚玉系统研究了《陈旉农书》"粪田之宜"篇对土壤和施肥理论的新发展，她认为"地力常新壮"与"用粪得理"理论的提出，把我国古代关于土壤与肥料的知识推向更高的水平。⑥曾雄生在《中国农业通史（宋辽夏金元卷）》中也以《陈旉农书》与《王祯农书》为主要史料依据，对宋元时期的肥料的积制与使用做了深入的探讨，他认为宋元时代肥料的来源主要有绿肥、杂草、秸秆、河泥、垃圾、大粪与其他杂肥；肥料积制的方法主要有踏粪法、火

---

① 中国农业科学院，南京农学院中国农业遗产研究室编：《中国农学史（初稿）上册》，北京：科学出版社，1959 年。

② 中国农业科学院，南京农学院中国农业遗产研究室编：《中国农学史（初稿）下册》，北京：科学出版社，1984 年。

③ 曾雄生：《中国农学史》，福州：福建人民出版社，2008 年。

④ ［英］Joseph Needham, Science and Civilisation in China, Volume 6 Part II: Agriculture, by Francesca Bray, Cambridge University Press, 1984.

⑤ 张芳，王思明主编：《中国农业科技史》，北京：中国农业科学技术出版社，2011 年，第 216-221 页。

⑥ 范楚玉：《陈旉的农学思想》，《自然科学史研究》1991 年第 2 期。

粪法、沤粪法、发酵法、井厕、粪屋与粪车；土壤肥料学说也得到进一步的发展，主要体现在陈旉的"治之各有宜""用粪犹用药""地力常新壮"与王祯的"惜粪如惜金""变恶为美"等观点中；同时他认为，合理施肥是宋元时代肥料技术进步的主要标志之一。[①] 李辉、彭光华深入分析了陈旉的"粪药"说，认为粪药学说是道家思想、医药学精华与农业生产实践相结合而形成的，对当代农业可持续发展有积极影响。[②]

明清时，随着稻麦二熟、一岁数获技术的进一步普及，加上经济作物种植面积的扩大，地力的消耗也越来越大，为了补偿损耗的地力，农民"惜粪如金"地利用着一切可以利用的东西来肥田，肥料技术因而取得比前代更突出的进展。对明清两代肥料技术史做比较详细探索的当属周广西，在其博士论文《明清时期中国传统肥料技术研究》中，他认为自耕农的大量存在、人地矛盾、商品作物的广泛种植以及多熟制的普及是明清肥料技术发展的社会经济背景；接着从地力培育理论、"三宜"施肥理论、对"垫底"与"接力"关系的认识几个方面来探讨明清施肥理论的发展；并从肥料种类、积制技术以及积肥、施肥农具三个维度来勾勒明清两代肥料技术的发展；他还分章详细阐述了明清时期水稻、棉花、桑树、麦类和油菜等主要农业、经济作物的施肥情况，认为施肥成为明清两代作物产量和土地利用率提高的关键措施之一。[③] 杜新豪、曾雄生着眼于明清两代江南肥料技术向华北的传播，认为南北方用肥技术上的差异是肥料技术传播的内在动力，而官员和士人是将江南肥料技术传播到华北的主力，但江南先进的肥料技术并没有在华北扎根及成功本土化，影响肥料技术在北方本土化的主要因素是人地关系、自然条件、作物结构与种植制度以及农耕传统。[④] 崔德卿《通过〈补农书〉看明末清初江南农业的施肥法》对明

---

① 曾雄生：《中国农业通史（宋辽夏金元卷）》，北京：中国农业出版社，2014年，第518-525页。

② 李辉，彭光华：《道学思想对陈旉"粪药"说的影响》，《农业考古》2013年第3期。

③ 周广西：《明清时期中国传统肥料技术研究》，南京：南京农业大学博士学位论文，2006年。

④ 杜新豪，曾雄生：《经济重心南移浪潮后的回流——以明清江南肥料技术向北方的流动为中心》，《中国农史》2011年第3期。

清时期肥料种类加以说明，特别详细阐述了粪尿、罱泥与饼肥这三种重要肥料在当时的使用情况，对《补农书》中基肥、追肥与粪尿肥料的使用做了研究，对买粪、施肥过程中劳动力的使用与雇佣及对《补农书》中桑树及蔬菜的施肥法也做了深入分析。[1] 薛涌（Yong Xue）的《惜粪如金：帝制晚期江南城乡间的经济和生态联系》是以农民进城买粪这种现象为例，旨在探讨农民在帝制晚期城市化中所起的作用，并以此来质疑施坚雅的研究模式。但此文对《沈氏农书》中的买粪路线、饮食与粪便肥力的关系以及明清时期买卖粪便的"金汁业"都有颇多研究。[2] 周广西在另一项研究中系统总结了明末科学家徐光启在肥料科技总结、试验、推广、创新上的贡献，认为徐光启在肥料科学上的贡献在于：详细总结了当时所使用的各种肥料种类，研制新肥料粪丹和改进煮粪法，改进松江地区的棉花施肥技术，对麦、油菜等作物的施肥方法进行总结，并在《粪壅规则》中详细搜集并记录了当时全国各地的肥料技术与用肥情况。[3]

（二）经济史的切入

经济史家虽不甚关注具体的肥料施用技术，但却对肥料的用量以及肥料对农作物增产的影响、肥料在农业经济中所扮演的角色有深入的研究。德·希·珀金斯（D·H·Perkins）的研究认为中国直到20世纪60年代，在施肥上还是依靠农家肥料而非化肥，传统肥料肥效不高却需大量劳动力去收集，还往往在农忙时节，人—地比率增长促使肥效高的代用品替代青草、稻草等低效肥料，豆饼潜藏肥料的发现以及养猪积肥，使明代晚期某些地区的农田施肥量和近代农田中施用肥料的数量类似。[4]

李伯重在其关于明清江南经济史的专著《发展与制约——明清江南

---

① ［韩］崔德卿：《補農書를통해본明末淸初江南農業의施肥法》，《中国史研究》第74辑，2011，10。

② Yong Xue, "Treasure Nightsoil As If It Were Gold": Economic and Ecological Links Between Urban and Rural Areas in Late Imperial Jiangnan, Late Imperial China Vol. 26, No. 1. pp41–71.

③ 周广西：《论徐光启在肥料科技方面的贡献》，《中国农史》2005年第4期。

④ ［美］珀金斯：《中国农业的发展（1368—1968年）》，上海：上海译文出版社，1984年，第89–98页。

生产力研究》中认为农作物种植中肥料投入的不断增加，是明清江南农业生产发展的主要特征之一，粪肥、豆饼、绿肥与河泥是清代江南肥壅的主要种类，但是饼肥在肥料中所占的比率有了很大提高，还增加了更多的混合肥料；江南在制肥与施肥技术两方面都有了较大的提高，能够更有效地和更经济地利用现有肥料资源。但在这种情况下，还是发生了肥料的供求矛盾，江南人民通过进一步开发本地肥源，包括充分开发城乡人粪资源、发展畜牧业，增加畜肥生产，以及多种花草、多罱河泥、多收垃圾等途径努力增加本地肥料产量，来试图缓解肥料的危机，但是只有得到从北方输入的大量大豆，才基本解决了江南的肥料危机。[①] 在其著作《江南农业的发展（1620—1850）》中，李伯重更进一步，提出在清代前中期的江南，肥料的使用有了堪称"肥料革命"的重大进步，这场涉及肥料的"技术革命"表现在三个方面：一是施肥技术（主要是追肥技术）的改进；二是传统制肥过程的改进；三是饼肥的引进，他认为豆饼在清代前期农业增长中的作用不可轻估，从华北和东北源源不断供应到江南的豆饼，使他认为"在清代中国，江南是使用豆饼最广泛的地区。仅此一点，以前那种认为清代江南农业技术停滞的观点显然与事实不符"[②]。李伯重还对人类粪便在江南经济史中的作用大加赞赏，在《粪土重于万户侯》一文中，他认为在清代江南，至卑至贱的人粪尿受到高度重视，农民甚至跑到遥远的城市去收集粪便做肥料，同时他对人类粪便的加工和使用的方法做了说明，认为正是人粪滋润出来的稻米与其他粮食，才是真正支撑起中华帝国大厦的基石。[③] 彭慕兰（Kenneth Pomeranz）在李伯重的基础上深入研究了豆饼对江南农业的贡献，他指出豆饼肥料的采用可以被视作农业发展的一项技术性突破，这种新型的商品肥料不仅增加了农业产量，而且节约了大量

① 李伯重：《发展与制约——明清江南生产力研究》，台北：联经出版事业股份有限公司，2002年。

② 李伯重著，王湘云译：《江南农业的发展：1620—1850》，上海：上海古籍出版社，2007年，第57页。

③ 李埏、李伯重、李伯杰著：《走出书斋的史学》，杭州：浙江大学出版社，2012年，第130-137页。

劳动。①

李伯重对输入江南大豆的计算依赖于清人包世臣观察到的每年有"千余万石""豆麦"从东北运往上海的记载，李氏认为包世臣这一数字采用的计量单位是关东石，等于江南的 2.5 石，他据此认为，18 世纪 20~30 年代每年运往上海的"麦豆"为 2 500 万石，在这个基础上，他进一步估计可能有 2 000 万石豆饼留在江南使用，最后得出结论：如果输入的大豆的豆饼全部被投入水稻生产的话，每年 2 000 万石的豆饼可以使水稻总产量增加 4 000 万石。黄宗智对此提出质疑，认为李伯重的跳跃性分析存在一系列问题：首先，包世臣笔下的计量单位多半不是关东石而是江南通用的市石；其次，运来的"豆麦"并非全是大豆，即使全是大豆，其中肯定有相当部分被用来制豆腐和酱油，而并非全用作榨油和豆饼肥料；再次，即使诚如李伯重所言，所有大豆都被榨油以生产豆饼，也不能认为所有或大部分都被当作肥料，正如李氏自己所言：豆饼大部分用作猪饲料，而没有直接被用作饼肥。黄宗智认为，为了描绘"肥料革命"这幅进步图景，李伯重在这个新论中没有讨论他本人之前提供的关于肥料回报递减的证据。② 王加华也抛出类似的质疑，认为李伯重过分夸大了豆饼在整个江南农业增长中的作用，输入江南的豆饼并不一定全被制成豆饼，即使制成的豆饼也不一定全被用作肥料，而豆饼只是在资产雄厚的"上农"中使用较多，在整个农业生产中并不普及。③ 薛涌的《一场"肥料革命"？——对彭慕兰"地缘优势"理论的批判性回应》对李伯重、彭慕兰所认为的满洲大豆的输入使得江南地区发生了一场"肥料革命"的观点进行颠覆性的批判，从事实上确凿证明李伯重误把史料中的标准石当作关东石来处理，通过这样的换算他们把满洲进口的大豆数量夸大了 10~25 倍，而且东北豆饼输入主要集中在 18 世纪末到 19 世纪初的短暂三四十年间，他们所宣称

---

① ［美］彭慕兰著，史建云译：《大分流：欧洲、中国及现代世界经济的发展》，南京：江苏人民出版社，2003 年。

② 黄宗智：《发展还是内卷？十八世纪英国与中国——评彭慕兰〈大分岔：欧洲，中国及现代世界经济的发展〉》，《历史研究》2002 年第 4 期，第 154 页。

③ 王加华：《一年两作制江南地区普及问题再探讨——兼评李伯重先生之明清江南农业经济史研究》，《中国社会经济史研究》2009 年第 4 期，第 66 页。

的"肥料革命"实质上只是肥料的危机。[①]

（三）卫生史、环境史的涉及

近年来，随着人们对卫生与生态环境问题的愈发重视，生态环境史与卫生史的研究也开始繁荣起来，在这种背景下，有些学者便从卫生史、环境史的视角出发来研究肥料问题，梁庚尧在研究以临安为代表的南宋城市的公共卫生时，认为南宋城市中的污秽、垃圾有一部分被运送到乡间作为农家的肥料，这既可维持城市的整洁卫生，又有益于乡村农作物的生长；但粪肥在城市农业中的使用也在一定程度上加剧了城市的环境污染，居民在河边种菜或在湖面搭建葑田以及在水中种植菱芡之时都需要施加粪肥，这些施用的粪秽严重加剧了城市的污染。[②] 邱仲麟对明清时期北京城内的厕所分布、清理厕所的收粪工人及街头的拾粪夫都有所涉猎。[③] 王建革在《传统社会末期华北的生态与社会》中讨论了水灾、黄泛、水系对华北地区土壤肥力的影响，对华北地区土粪的变迁、养猪积肥以及施肥技术都有所论述，并对华北地区的肥料不足及收集肥料过程中所导致的生态破坏做了研究，他认为虽然近代华北土地利用程度的加强和生物资源的减少使得人们努力积肥，但是这种努力并没有提高单产；[④] 在另一本关于江南环境史的著作中，王建革细致研究了施肥的技术，认为江南地区传统时期的施肥技术对土壤发育影响很大，由于人们努力向土地投入更多肥力与劳动

---

① Yong Xue. A "Fertilizer Revolution"? A Critical Response to Pomeranz's Theory of "Geographic Luck", Modern China, Vol. 33, No. 2 (Apr., 2007), pp. 195–229.

② 梁庚尧：《南宋城市的公共卫生问题》，载彭卫等主编：《20世纪中华学术经典文库　历史学　中国古代史卷（中册）》，兰州：兰州大学出版社，2000年，第400–438页。

③ 邱仲麟：《风尘、街壤与气味——明清北京的生活环境与士人的帝都印象》，载刘永华主编：《中国社会文化史读本》，北京：北京大学出版社，2011年，第450–460页。

④ 王建革：《传统社会末期华北的生态与社会》，北京：三联书店，2009年，第59–78页、第99–104页、第243–252页。

力，导致了以鳝血土为代表的诸多优良水稻土的形成。① 冯贤亮在《近世浙西的环境、水利与社会》中，从肥料搜集的角度，论述了江南农民如何获得人畜粪便、绿肥、河泥等肥料，他将近世江南地区由农业所驱动的这种搜集肥料的集约化称作"肥料社会"。②

（四）既往研究的不足之处

伊懋可（Mark Elvin）认为：在研究技术进步问题时，必须要同时兼顾技术发明（invention，即新技术之最早出现）、技术革新（innovation，即新发明的技术之应用）与技术传播（dissemination，被采用后的新技术之普及）三个维度，③ 伊氏的技术三维度学说虽然主要是为了研究技术进步，但实际上它也提供了技术成长史的一个雏形，即一个被成功应用的技术其成长周期应包括发明、革新与传播三个阶段。而在以往关于肥料史的研究中，都把宋元、明清视为肥料利用史上两个不同的阶段来加以研究，割裂了其中的联系与继承。按照伊氏的理论，我们不能忽视宋元时期一些重要的技术发明与技术革新，在明清两代才得到大范围传播并被应用的事实，如明清时被较多使用的饼肥（麻饼、豆饼）在宋元时就已经被使用，只是彼时使用范围比较狭窄而已；在宋代就被提出的地力常新壮论，明清时期也被士大夫们进一步发挥与阐述，只有综合研究宋元明清时期的肥料技术，才能更好的提供一幅帝制晚期肥料技术发展的完整图景。

技术是人与自然界相互作用的交叉点，处在节点上的"人"应该是技术史研究的重点之所在，尽管在技术哲学领域早已有学者提出技术离不开实践的主体——人，并把技术看作一种主观所具有的能力，④ 但从既往肥

---

① 王建革：《水乡生态与江南社会（9—20 世纪）》，北京：北京大学出版社，2013 年，第 403–421 页。
② 冯贤亮：《近世浙西的环境、水利与社会》，北京：中国社会科学出版社，2010 年，第 118–128 页。
③ 李伯重：《"天""地""人"的变化与明清江南的水稻生产》，《中国经济史研究》1994 年第 4 期；包茂宏：《中国环境史研究：伊懋可教授访谈》，《中国历史地理论丛》2004 年第 1 期。
④ 远德玉：《技术是一个过程——略谈技术与技术史的研究》，《东北大学学报（社会科学版）》2008 年第 3 期。

料史的研究回顾中可以看出，在技术史的研究中往往把由人制造的工具或发明的技术视作技术史的核心，而忽略了人类自身（包括人的智力与体力）在技术史中的作用；经济史在涉及技术之时又大多注重渲染技术的社会影响与在实际生产中产生的效果与获得的效益，也不甚关注人的因素。针对这一点，曾雄生精辟地指出：人是农业生产的重要因素，而人力又包括智力和体力两个部分[1]，为技术史的研究增添了几分人文关怀，本研究重点关注点即是技术的主体——人，关注两种不同阶层的人的农学观点：即士人的思想与革新实践（智力）以及普通农民的"科学实作"（scientific practice）（体力）各自在帝制晚期肥料学史上的作用。

三、本书的思路及结构

翻开宋代楼璹《耕织图》的"耕部"，一幅幅连贯的农夫在田间劳作的技术场景图像便会跃然眼前，这部农学史、技术史乃至艺术史上的重要作品共用了 23 幅图画，按照农事活动的顺序，把农民浸种、耕、耙耢、耖、碌碡、布秧、初秧、淤荫、拔秧、插秧、一耘、二耘、三耘、灌溉、收刈、登场、持穗、舂碓、筛、簸扬、砻、入仓、祭神的整个生产过程分别描述出来，之所以在此处提到《耕织图》，主要是因为该书中的图画具有过程性，即使不谙农事之人，在翻阅过此书后，也会对农作物从播种到收获的全部过程有一个大致的了解。但楼璹仅从农民的视角来描述的整个生产技术过程，我们姑且将农民的"行动"称为生产技术的显性过程，其实，在真实的技术过程中还会包含更多的内容，包括对各种技术的认知[2]以及技术的产生与传播过程，我们把这部分过程称为技术的隐性过程。以肥料史来举例，按照楼璹对技术过程的定义，那么肥料技术之过程可以划分为收集肥料、制作肥料以及使用肥料三个过程，但实际上整个过程中还

---

① 曾雄生：《试论中国传统农学理论中的"人"》，《自然科学史研究》2001 年第 1 期。

② 比如德国马普科学史所项目组 3 最近正在进行的"History of Planning"就是此方面的一个体现。

应包括如何认知肥料（即肥料技术的理论）、如何生产及传播肥料技术等环节，这些都属于技术过程中不可或缺的重要组成部分，只有把技术的显性过程（即农民的劳作）与技术的隐性过程（即士人、学者的思考与实践）结合起来，才能拼凑成一个完整的技术过程，本研究就采取这种方法，将肥料技术的过程分为施肥原理阐述、肥料的收集、施肥的器具、肥料的制作、肥料技术的传播以及施肥技术六个部分，来考察士人的农学与农民的实践农学各自在这些具体技术过程中所起的作用。

本书的导言部分交代了本项研究的选题依据与意义、前人的既有研究成果及其未逮之处，并对本书的写作思路、章节安排、创新之处、相关概念的界定以及写作时所用的文献资料等问题进行说明。

正文第一章是在宋代以降农业发展的大背景下来审视肥料问题，彼时人多地少的矛盾在很多地区已凸显出来，随着适农田地被耕种殆尽，人们逐渐意识到买田不如粪田，遂通过在已有土地上精耕细作，以在原有田地上增加单位面积的粮食产量，这样肥料技术被视作农业增产的一种重要措施而倍受重视，本章拟从人口—耕地比率、作物熟制、经济作物种植、粮食价格、租佃关系以及赋税制度等方面来揭橥肥料在宋代以降农业发展中所起的核心作用。

第二章将探讨肥料史理论与思想问题，宋代以降，士人们依据自身所掌握的知识对施肥理论进行了构建，对土地缘何缺失肥力，何种物质可以用作补充地力，施肥应该遵循哪些原则以及肥料如何在土壤与禾稼植株中发挥作用等诸多问题都进行了理论上的探讨与阐述，从中不但可以了解中国古代本土理论生成、演化的模式，亦可窥见中国古代医学对肥料学说影响之一斑，同时，施肥理论还影响了士人肥料知识的创造及其对肥料技术的传播。

第三章聚焦于肥料搜集过程，虽然农书的撰写群体对肥料收集极为重视，但在其著作中却鲜有专门篇幅讲述如何积粪，士大夫们认为积攒肥料的关键诀窍在于勤劳，并不需要给予特别的技术指导，居住在乡间的农民才是收集肥料的主力。本章试图分析宋代以降肥料搜集技术如何从家庭中某些成员的参与发展到全体家庭成员共同参与，如何从农人的生产领域延伸到生活领域，以及怎样从农业社会扩展至整个城乡社会的复杂过程。

第四章着眼于肥料技术各个环节中所使用的农具，随着肥料问题在农业社会中重要性的增强，清代乾隆年间鄂尔泰等编纂的《授时通考》中已经出现了讨论淤荫器具的专门章节，本章拟从肥料搜集的器具、运输肥料的器具以及施肥过程中所使用的农具三部分来分述传统时期肥料史中所用的农具，重点在于从士人与农民的双重视角来分析为什么他们没能改变中国传统施肥器具的兼用性与因陋就简的特征。

第五章讨论了肥料制作问题，选取粪丹这种肥料作为士人研制肥料的个案，在明代末期，伴随着人口激增与农业发展，肥料成为一种稀缺性资源的情况下，以徐光启为代表的士人们综合炼丹术、"粪药说"等古老学说，研制出一种新型浓缩万能的复合肥料"粪丹"，试图来缓解彼时肥料供应的危机。本章拟详细梳理明代文献中关于粪丹的史料，阐明了粪丹的制造技术及其理论来源，并试图分析促使粪丹研制的社会背景，对这种新肥料为什么没有被成功应用于当时的农业实践中亦进行尝试性的解读。

第六章将以江南、华北两地的肥料技术流动为中心，来探讨士人在肥料技术传播过程中所扮演的角色，士人们通过不同途径获取的肥料知识在技术传播的效果上有何种不同？以及梳理清楚哪些因素会影响不同地区间肥料技术传播的效果。

第七章将着重探讨农业实践中的施肥技术，首先分析追肥技术及以豆饼为代表的饼肥在当时农业实践中的普及程度，探讨是否可以将农书中描述的农业技术当作彼时现实中使用的农业技术而加以利用？如若不能，那农书与农史的差别又在何处？同时，本章还将关注农民在长期农事实践中摸索出来的施肥技术及其进步性，以及分析为什么有些在现代"科学"上讲不通的施肥技术，却能够在当时的农业实践中一直被农民普遍应用。

最后一部分是本研究的结语部分，主要总结本项研究得出的基本结论，并深入探讨士人与农民在10—19世纪的肥料史上各自所起的作用及士人知识与农民知识的交织与互相影响。

四、可能的创新之处

首先，本研究尝试把历史上的技术分为两部分，即士人学者的技术与农民在农业实践中使用的技术，厘清其不同之处，这在科学史与经济史的研究中具有重要的意义。很多历史学的著作都没有把二者区分开来，所以导致其研究的可靠性仍需商榷，如 Lynn White jr 就认为李约瑟所撰的多卷本《中国科学技术史》的缺陷之一就是使用太多"技术"上的伟大成就来暗示了一个夸大程度的中国古代"科学"[①]，而本书的第六章中也花了大量篇幅来尝试揭示经济史家伊懋可、李伯重等在其江南经济史的研究著作中误将士人在农书中记载的未被使用的或仅仅在局地使用的先进肥料技术当作是彼时真实农业生产中施肥的实际技术来使用，所以导致他们对追肥这一技术的适用范围有所拔高。恰当的区分士人的技术与农民的技术有助于更精准地还原历史的真实面貌。

其次，本研究将宋元明清的肥料技术史视作一个整体，避免了前贤在既往的研究中将其分为宋元与明清两个阶段的做法，这样一方面可以对某些肥料技术的成长史有了更完整的追踪，比如在明清时候被大量使用的饼肥，其实在宋代的《物类相感志》里就已经被记载；在明清时代的施肥理论中被推崇的施肥"三宜"原则，也可以追溯到宋代陈旉的"粪药说"；在宋代就被施用的大田作物追肥法，如种麦时候"宜屡耘而屡粪"的追肥技术，在明清也被进一步的施用；在宋代《橘录》里才首次被记载的河泥，在明清时候也被大量运用，尤其在桑树的培壅中。从另一方面来说，宋代可以称得上是中国肥料史上的一个重要分水岭，因为自宋代开始，中国传统的农学知识由北方旱地粗放农法向江南水田精耕细作农法转变，前代的农学知识在新的环境下已经面临危机，陈旉就曾批评《齐民要术》《四时纂要》等北方农书："腾口空言，夸张盗名""迂疏不适用"[②]。伴随着

---

① ［美］Lynn White jr, Review Symposia on Joseph Needham's Science and Civilisation in China, ISIS,1984, pp172–179.

② （宋）陈旉著，万国鼎校注：《陈旉农书校注》，北京：农业出版社，1965 年，第 22 页。

人口的激增与人地矛盾的加剧，农田施肥已经不能像前代一样通过休耕来实现"再易者功必倍"的自肥效果了，只能通过施加肥料来实现增收的愿望，所以肥料史也就呈现出与以往不同的景象。同时在宋代之前，大田施肥主要依靠牲畜的粪便，从《老子》的"却走马以粪"到《齐民要术》中的"踏粪法"，莫不如此，而西方的二圃制或三圃制也是利用休耕与牲畜粪便肥田来恢复地力，但宋代以降，由于放牧之地皆被占为农田，畜牧业开始萎缩，正如《陈旉农书》所云："古者分田之制，必有莱牧之地，称田而为等差，故养牧得宜，博硕肥腯，不疾瘯蠡也。……后世无莱牧之地，动失其宜"①，中国的主要肥料种类就开始从牲畜粪便变为人畜粪便，开始与西方的肥料史泾渭分明。从这种意义上来说，宋代不单是中国肥料史上的一个转折点，甚至可以说是中西传统肥料史上大分流出现的节点。所以，本研究提出的宋至清代是肥料技术一个完整阶段的划分，是较为合乎当时历史真实状况的。

再次，本研究将技术视作一个过程，从过程论的角度来审视肥料技术的历史，突破了以往在肥料史中只关心肥料的制作与使用的藩篱，把肥料的理论、肥料的收集以及施肥器具等都纳入其中，扩大了肥料技术史的研究范畴。而且，将肥料技术视作一个过程的理念，可以更好地审视每个技术过程中士人的农学知识与农民的农学实践的交汇与相互补充。

此外，本研究还有其他几处创新点，历史学家巴特菲尔德（Herbert Butterfield）曾说过："历史记录坚持，我们必须从内部观察人物，像演员感受其角色一样感受他们——反复思其所思；要扮演行为者，而不是观察者，否则便不可能正确地讲述历史故事"②。笔者在本书的写作中也始终贯彻这一原则，比如对施肥理论的研究，没有落入赞扬其生态性与对其与西方现代科学类似的观点的附和的窠臼中，而是从当时的情景出发，用当时的思想论来还原肥料思想史；同时本书对国际汉学界及加州学派流行的"明清时代追肥技术使用广泛并引发了一场农业革命"的观点进行了商榷

---

① （宋）陈旉著，万国鼎校注：《陈旉农书校注》，北京：农业出版社，1965年，第49页。

② ［英］巴特菲尔德：《历史和人类关系》，转引自伊安·G.巴伯著，阮炜等译：《科学与宗教》，成都：四川人民出版社，1993年第1版，第241页。

与反思，从时人对追肥的看法、追肥技术使用的阶级性以及农书与农史的区别等方面提出了不同的见解；另外，本书第一次注意到士人所传播的农学知识中隐含的两种不同类型的技术，并关注了这两种技术在肥料技术传播效果上的差异。

五、相关概念及其界定

历史学家齐思和先生曾在其教学讲义中提到"地理为历史之舞台，年代为历史之骨干"[1]，作为一部历史学专著，界定其研究所涉及的地理范围和年代是首先要明确的问题。

一般而言，对于研究时段的问题，史学工作者多遵循19世纪阿克顿（Lord Acton）的名言："研究的对象是问题而不是断代。"[2] 前辈医史学家范行准在其著作《中国医学史略》中提及断代问题时曾说过这样一段话：

> 封建社会医学的发展，并不完全随着某一王朝的兴替而骤然改变它的方向。所以这样的划分既不符合历史发展的实际情况，也不能把各期医学发展的主潮突出，而往往陷于平行之境，并且更把整个具有连贯性的医学历史加以商切，形成彼此孤立的现象，使读者仅能获到对片段的模糊的认识。[3]

基于以上论述，本书在选取研究时段时，摒弃了以往按照朝代来划定时段的做法，因为尽管历史时期的改朝换代或王朝更迭所引发的动乱及战争会对农业技术产生不良的冲击，不同王朝的农业政策或土地制度也会对农业技术产生影响，但总体而言，农业技术的发展变化有着自身的规律，并不随着朝代的更迭而同步变化，所以本研究采用按照肥料史自身的发展

---

[1] 齐思和：《齐思和史学概论讲义》，天津：天津古籍出版社，2007年，第63页。

[2] 转引自余英时：《中国近世宗教伦理与商人精神（增订版）》，北京：九州出版社，2014年，第56页。

[3] 范行准：《中国医学史略》，北京：北京出版社，2016年，《前记》，第1页。

规律、以公元纪年的时间选取研究时段的方法，将本书的研究时间限制在10—19世纪。时间的上限定在北宋建立并完成统一后，因为宋代随着人地矛盾的激化，精耕细作和施肥来培育地力才成为一个近乎全国性的问题，土壤肥料学说和技术得以迅速发展起来；时间的下限大约放在19世纪末化肥传入中国之前，由于传统的农业技术并不是随着清政府的倒台而即刻消亡的，除少数沿海开埠地区外，大多数地区民国时期的资料所记载的传统农业技术与之前相比并没有什么差别，所以本书也会酌情使用民国时期相关农业肥料资料的记载。

在中国历史上主流农学家的眼中，他们中的绝大多数人关注的区域并非囊括整个中华帝国，亦并非将国内的任何地区视作均质的农业区，他们大多对农业重心地区有着共同的嗜好，即宋代之前所关注的区域大多为北方地区（先后为关中地区和华北地区），宋代以后关注的焦点在江南地区（即小江南，按照李伯重的看法，相当于明清时期的苏、松、常、镇、宁、杭、嘉、湖八府和由苏州府析出的太仓州[①]），即使是号称汇通南北，试图使先进农业技术"南北通知"的王祯，其关注的范围也无外乎以华北、江淮、江南为主。旅美学者张家炎在谈及中国农业史的研究区域时提到：

> 由于中国各地迥异的自然条件及其所支持的不同的农业生产体系，中国传统农业通常被分成两大类即以旱地农作（在最近的几个世纪里更准确的说法是小麦—玉米农作）为主的北方形式与以水田耕作（主要是稻作）为主的南方形式。这种区分也从根本上影响了我们对中国农村经济的理解。学者们（特别是西方学者）倾向于将研究重点放在华北平原（代表北方型式）与长江三角洲（代表南方型式）的农业经济上。实际上到目前为止，对中国农村经济最有影响力的英文学术成果其结论多来自对这两个地区的研究，而它们也左右着西方对中国农村的看法。[②]

---

① 李伯重：《简论"江南地区"的界定》，《中国社会经济史研究》1991年第1期。
② 张家炎：《克服困难——华中地区的环境变迁与农民反应，1736—1949》，北京：法律出版社，2016年，第13页。

由于宋代以降江南地区经济富庶，该地区以稻作为核心的农业技术处于传统时期最发达的巅峰，且该地文化繁荣、人文薮泽，刻印与保存下来的史籍资料比较丰富，所以本书中使用的资料大多数为江南地区的农业史料，在论述肥料的收集、积制与传播方面时也会经常用到华北与西北、西南地区的若干史料，但本研究使用的材料基本不包括东北三省与新疆、西藏、宁夏、青海等地的史料，因为在本书所关注的时间段，这些边疆地区农业生产较为落后，土地开发的程度不如内地强烈，对肥料也就不甚关注，史籍中亦绝少出现涉及肥料技术的描述。

本书中所使用的"技术"一词并不仅局限于指人们在劳动生产方面的经验、知识和技巧，而是采用日本技术史家相川春喜的定义，指的是"人类社会中一定物质发展阶段上的社会劳动的物质手段的复合体"[1]，这种观点认为技术是劳动手段之体系，按照这个定义，我们可以把肥料的搜集与肥料的运输等都视作技术并对它们加以研究。

"金汁"一词，白馥兰将其译为"gold liquid"，认为它是指粪堆里流出或排出的液体肥料，[2]李伯重则认为"金汁"是经过蒸煮腐熟的人粪[3]，其实他们理解都是固态的某一时段的概念，而历史上的"金汁"则是一个流动的概念。"金汁"这个词汇原本是中医学术语，指的是经过特殊加工的人类粪便，医家又称其为"人中黄"，其制作过程是"取粪入坛，埋于土内，三年取出，莹清如水者是耳"，因为"置于土中时久，得其土气最厚，故能入胃，大解热毒"[4]，《本草纲目》中对其有详细的记载，后来此项技术被用在花卉园艺的培壅施肥之中，明代《汝南圃史》记曰"于腊月之内，掘地埋大缸或瓮入地三四尺许，积贮浓粪，上用板盖，填土密固，

[1] 姜振寰等主编:《技术学辞典》,沈阳:辽宁科学技术出版社,1990年,第88页。

[2] ［英］Joseph Needham, Science and Civilisation in China, Volume 6 Part II: Agriculture, by Francesca Bray, Cambridge University Press, 1984, p290.

[3] 李伯重:《粪土重于万户侯》,载王兆成主编:《史学家茶座9》,济南:山东人民出版社,2007年,第68页。

[4] （清）黄宫绣纂:《本草求真》,北京:人民卫生出版社,1987年,第177页。

至春尽渣滓俱化，止存清水，名为金汁"①，据称这种肥料有使花木起死回生的功效，是一种强力的肥料。明末徐光启又将其纳入大田作物施肥中，在他名为《广粪壤》的手稿中，他列举了当时农业生产中的各种类型的肥料，其中第一种便是"金汁"②，这种肥料虽然肥效极强，但却"须数年而成"③，制作过程比较缓慢。清代农学家杨屾在《知本提纲》里将其改进，"人粪……若即于便窖用小便盦熟，名为金汁，合水灌田，亦可肥美"④，即腐熟后的人粪便就可以叫做金汁，不必再等两三年的时间，也不必埋藏于地下。晚清民国时人们把买卖大粪的行业通称为"金汁业"，可见当时金汁的含义已演变为普通的人粪便，无论是腐熟的还是生的都可以。本书以"金汁"作为主标题，既能用人粪这种在宋代以后的农业施肥中起主要作用的"一等粪"来代指肥料，而且早期金汁的制作过程甚为繁琐，需要技术的介入，这个标题也很好体现了肥料技术史的维度，更为重要的含义是，金汁从最初的一味药材经由士大夫们的引荐用到园艺施肥进而到大田施肥中，不但体现了士人在肥料史中所起的作用，还显示了中医学对肥料技术影响之一斑，恰当地体现出本研究的主题。

"淤荫"一词是宋人楼璹在其《耕织图》中对施肥的俗称，当属于彼时江浙一带的土语，"淤"字是指江南的重要肥料——河泥，在此处是代指肥料的统称。"荫"通饮，石声汉先生在校释《农桑辑要》时对"饮"的解释是"读去声，即给水喝"⑤，即延伸为给某种物体灌溉的意思，如在道光《浮梁县志》卷二十一《艺文》："尝观浙东晚禾，于将此成胎时，取黄豆粗粗一磨，使成碎粒，壅于苗根，其肥甚重，最荫稻穗"，即是这种

---

① （明）周文华撰：《汝南圃史》卷9，《续修四库全书 子部·谱录类》，明万历束带斋刻本，第28b页。
② 朱维铮，李天纲主编：《徐光启全集（五）》，上海：上海古籍出版社，2010年，第447页。
③ 朱维铮，李天纲主编：《徐光启全集（五）》，上海：上海古籍出版社，2010年，第456页。
④ （清）杨屾著，郑世铎注：《知本提纲》，载王毓瑚辑：《秦晋农言》，北京：中华书局，1957年，第38页。
⑤ 石声汉校注，西北农学院古农学研究室整理：《农桑辑要校注》，北京：中华书局，2014年，第253页。

用法的体现。现在长江中上游不少地区的口语中，还存有这种用法：浇水称为"饮水"，浇流质半流质肥料称作"饮粪"。随着楼璹将其所绘的《耕织图》呈献给宋高宗，获得皇帝的赏识并将其《耕织图》宣示后宫，一时朝野传诵，"淤荫"这个土语也就迅速上升为施肥的书面用语，以至于在乾隆年间编纂的《授时通考》中关于施肥器具的章节就被称作"淤荫门"。当代学者在研究农业历史时也经常把施肥称为淤荫，如游修龄与曾雄生在《中国稻作文化史》中认为淤荫即是施肥的意思①，本研究中，将采取"淤荫"和"施肥"混用的原则，有时是为了使全文的行文与语言显得不是那么单一，有时也是因为希望借助"淤荫"一词来还原历史的真实场景。本书中与之类似的词语还有"粪"与"壅"，在做动词时它们都是施肥的意思，据游修龄先生研究，"壅"是南方口语中对施肥的称呼，②由于宋代以来南方地区在农业技术上的绝对领先地位，因此，把"壅"字当作施肥的意思在古代历朝的文献中也是屡见不鲜。

此外，本研究中"士人"概念的界定也是一个重点问题，士是中国古代对文人知识阶层的统称，由于本书的主要研究对象是农学，所以本研究中所指的"士人"就是指从事过农学研究或对农学感兴趣的知识分子，当然肩负着劝课农桑之职责的封建官僚是其最重要的组成部分，如氾胜之、贾思勰、王祯、袁黄、徐光启、吴邦庆等人，白馥兰曾说"那些从政为官的人，均曾一度管辖过某个府县，并解决随之而来的农事问题。有些人非常关心农事，因而对灌溉、施肥方法或新作物的引进极其感兴趣，从他们留下的文学作品中即可窥见一斑"③；另外的一些小经营性地主如沈氏与张履祥，隐居山林从事农耕的陈旉与王旻以及落第秀才蒲松龄与丁宜曾，甚至官方文献、笔记小说、地方志书中有关农业条目和篇章的编纂者等，都属于本研究中所称的"士人"。笔者倾向于在历史时期至少写过一篇涉及农学记载的古代知识分子，其成果无论通过直接或间接方式被流传下来的

---

① 游修龄，曾雄生著：《中国稻作文化史》，上海：上海人民出版社，2010年，第89页。

② 游修龄编著：《中国稻作史》，北京：中国农业出版社，1995年，第173页。

③ ［英］Joseph Needham, Science and Civilisation in China, Volume 6 Part II:Agriculture, by Francesca Bray, Cambridge University Press, 1984, p77.

都是本研究中所称的"士人"。相反，地方志、个人笔记文集与外国人游记等一切当时的资料中所描述的施肥、用肥、制肥、积肥实践都可视作农民的实践技术，同时古农书虽然由士人所撰就，但其中描述的当时某地的施肥事实仍应当被视作农民农学。

六、本书所用之资料

本书所使用的史料主要是历史上历代农家者流所撰写的或政府机构组织编写的农书，根据前辈学者王毓瑚在其《中国农学书录》中的统计，中国古代的农书种类约有 541 种，其实际数量仍比这个数字多很多，根据王达先生的统计，约有 830 余种[①]，这些官方与私人、全国性与地方性的农书中有关农业施肥的专门章节以及涉及某种作物施肥方法的段落是本研究最为倚重的资料；此外，中国古代为数众多的本草学著作、植物谱录以及花卉栽培手册中记载的药材、果树及花卉施肥技术也为本书所研究的大田作物之施肥提供了可供对比的材料。

除农书之外，历代政府与官方资料以及地方志也是本研究的重要资料来源，各朝代正史中的《食货志》以及某些涉农官员的传记、实录中的经济史资料、历代刑案汇编里的农业社会史资料，甚至朱批奏折中关于农业肥料、施肥与拾粪的记载，都对本研究有所裨益；另外，宋代以降各地方（省、府、州、县）相继纂修的大量地方志书，是研究区域史的有力工具，现存几千部地方志中的物产、风俗、农业、田亩、赋役、水利、艺文等部分也包含诸多的肥料史料，是本研究中考察农民肥料技术部分最重要的史料来源。

历代中医典籍中的医药学理论部分与道教的炼丹术著作为理解古代士人的肥料思想提供了理论工具，必须要深入研究；民间流传的通俗日用通书中包含的大量施肥、运肥的技术章节，也为本研究的顺利进行提供了诸

---

① 王达：《试论明清农书及其特点与成就》，载华南农业大学农业历史遗产研究室主编：《农史研究 第 8 辑》，北京：农业出版社，1989 年，第 89–100 页。

多补充资料；另外，士人撰写的笔记、文集、小说和诗词中也含有若干肥料史料，如北宋的赞宁在《物类相感志》中对麻饼等肥料使用的记载，诗歌以及竹枝词中对罱河泥、拾粪、施肥等内容的描述，以及清代小说《照世杯》对修厕积粪的详细记载等，笔者对于这部分史料也做了一些程度的挖掘；此外，考古发掘的画像石、画像砖、明器、出土的古代农具以及耕织图、外销画等图像资料中所涉及的拾粪、运粪、施肥之场景也是本研究资料的来源之一。

　　除上述古代的原始文献外，南京农业大学中华农业遗产室辑录的《中国农学遗产选集》中关于稻、麦、豆、棉、油料作物、柑橘、落叶果树、常绿果树等作物的分册，农史学家万国鼎先生在 20 世纪 60 年代组织人力从全国 8 000 多部地方志中摘抄、汇编的《地方志综合资料》《地方志分类资料》《地方志物产》，以及由中国社会科学院经济研究所主编的三卷本《明清农业史资料（1368—1911）》① 等资料汇编性质的工具书，亦是笔者在本书的写作过程中所要经常翻阅、参考的重要资料。

---

① 陈树平主编：《明清农业史资料（1368—1911）》，北京：社会科学文献出版社，2013 年。

第一章

宋代以降农业发展中的肥料问题

在我国古代农业社会中，肥料被统称为"粪"，人们很早就懂得利用粪肥来补充地力的不足。甲骨卜辞清晰地表明我国劳动人民早在殷商时期已开始在农田中施肥，战国时期，"多粪肥田"便已被视作农夫众庶之事[1]。粪在农业生活中如此重要，以致孟子将个人的内心修养称为"粪心"，并斥责当时"人知粪其田，莫知粪其心"[2]。"惜粪如金""积粪胜如积金"等格言表明人们总是想方设法地扩大肥料的来源。粪肥壅田在中国农业中的重要性引起到中国旅行的外国友人的注意，1909 年，英国传教士麦高温（John MacGowan）在《中国人生活的明与暗》一书中写道："什么东西最好同时又是最经济实用的呢？这是中国人在很久以前就开始讨论的问题，这种东西就是粪便，古人认为它是任何别的东西都无法比

---

① （战国）荀况著，章诗同注：《荀子简注》，上海：上海人民出版社，1974 年，第 97 页。

② （西汉）刘向撰，卢元骏注释：《说苑今注今译》，天津：天津古籍出版社，1977 年，第 87 页。

拟的好东西。后代们也赞同祖先的观点，所以，直至今天粪便仍然是农民所用的肥料中最好的，因为它既物美又价廉。没有粪便就没有中国的今天，这一点是毋庸置疑的，在贫困地区，土地相对贫瘠和低产，如果没有粪便，许多地方就会荒芜；许多家庭培养出了优秀的儿子，他们成了这个帝国的卓越人士，如果没有粪便，这些伟大人物也可能就被埋没了。"①

虽然中国人对肥料的重视由来已久，但在宋代之前，对农田里土壤肥力递减的现象，农民还是可以通过休耕来实现"再易者功必倍"的效果。迫至宋代，人多地少的矛盾在很多地区已开始凸显出来，农民开始向山要地、与水争田，努力从广度上扩大着耕地的面积；另外，随着适农土地被耕种殆尽，人们开始通过提升对已有田地的利用率来获取更多的收成，通过复种、间作、套作等方式来榨尽地力，这种做法导致了多地区地力开始下降，这点已经被时人所察觉。如宋代官员陈傅良已注意到农业发达的闽浙地区的地力在南宋时已经不如湖南南部的桂阳县，他在桂阳的劝农文中写道："闽浙之土，最是瘠薄，必有锄耙数番，加以粪溉，方为良田。此间不待施粪，锄耙亦希，所种禾麦自然秀茂，则知其土膏腴胜如闽浙，然闽浙上田收米三石，次等二石，此间所收却无此数，当是人力不到，子课遂减"②。到了明清时期地力衰退现象更加突出，梁清远在其著作《雕丘杂录》中提到："昔人有记：嘉靖时，垦田一亩，收谷一石。万历间不能五斗，粪非不多，力非不勤，而所入不当昔之半。大抵丰亨之时，土宜畅遂；叔季之世，物力凋耗，有不知其所以然而然者。乃今五十年来，去万历时又不同矣，亩收二三耳，始估昔人所言之果然也。古人所谓上农、下农，岂不足凭耶？"③即使在南方其他地区，地力下降的现象也是司空见惯，道光年间《鹤峰州志》的编纂者提到："州设流以后，常德、澧州及外府之

① ［英］麦高温著，朱涛，倪静译：《中国人生活的明与暗》，北京：中华书局，2006年，第256页。

② （宋）陈傅良：《止斋文集》卷44《桂阳军劝农文》，清同治光绪间永嘉丛书本，第7a页。

③ （清）梁清远：《雕丘杂录》卷15，清康熙二十一年（1682年）梁允植刻本，第17页。

人人山承垦者甚众，老林初开，包谷不粪而获……迨耕种日久，肥土为雨潦洗净，粪种亦有不能多获者，往时人烟辏集之处，今皆荒废"[1]，形成这种现象的原因，一方面是水土流失，更重要的则是因不施粪肥而导致的地力下降。本章中笔者将从四个方面来叙述宋代以降农业发展过程中的几个重要因素及其与肥料问题之间的关系。

一、多熟制与肥料需求的增加

宋代以降，随着经济的发展，特别是伴随着南方地区的大规模开发，人口逐渐增多成为一个突出的问题，在这个时段内，虽然某些短暂时期会由于战争等原因导致某些人口众多的"狭乡"变为"宽乡"，也尽管历史资料的记载与实际人口数量仍有较大出入，但毫无疑问的是，人口的逐渐增多是这段时期社会发展最突出的特征之一。根据何炳棣的估计，12 世纪初，中国的实际人口有史以来首次突破一亿大关[2]。持续增长的人口对土地的需求急剧增加，人们向山（梯田）、向水（圩田）要田，但是耕地面积的增加是有限的，其增长的速度远远没有人口增长得快。在宋元时期，人口稠密地区的耕地就已经显现出不足，加上彼时边疆地区还没有被大规模开发，所以总体上来讲当时人地矛盾比较突出，根据郑学檬的统计数据，在宋代人均占有的耕地仅为 4.4 亩，南方有些地区甚至还没有达到这个平均数。[3] 对于这个问题，梁庚尧先生精辟地论述道：

> 宋元时期土地分配的第一个问题时，是耕地不足。在人口稠密的地区耕地不足的现象十分明显，而人口稀疏的地区，则又缺乏良好的农业环境，不容易吸引人口稠密地区的过剩人口。人口稠密地区的耕

---

① （清）吉钟颖修，洪先焘纂：道光《鹤峰州志》，卷 14《杂述》，道光二年（1822 年）刻本，第 6 页。

② 何炳棣：《中国历史上的早熟稻》，《农业考古》1990 年第 1 期，第 125 页。

③ 郑学檬：《中国古代经济重心南移和唐宋江南经济研究》，长沙：岳麓书社，2003 年，第 29 页。

地，虽然随着人口的增加而不断开发，但由于可耕地有限，使得每户所能拥有的耕地数，不仅不足以供给一家生活之需，甚至有逐渐减少的趋势。①

　　明清时期，人口数量呈爆炸式增长，根据葛剑雄、曹树基的统计，在16世纪后期的明朝，人口就已经突破两亿大关；②清代人口增长更加迅速，乾隆末年人口已猛增至3亿，至鸦片战争前期，人口业已突破4亿大关。③此时人多地少已成为全国性矛盾，明洪武年间就已出现"苏、松、嘉、湖、杭五郡，地狭民众，细民无田，往往逐末利而食不给"的局面。④尽管明清时期边疆地区的开发业已取得了不小的成绩，但此时耕地面积增加的主要原因还是靠对内地的深开发。耕地面积的增加远没有人口增长得快，导致人均耕地面积迅速下降，根据闵宗殿的统计，清代乾隆年间，中国的人均耕地为3.72亩，嘉庆年间，这个数字已降为2.19亩⑤，人均耕地不足的现象在人烟浩穰的江南地区表现得更加突出（表1-1）。根据明末清初农学家张履祥的估计，当时"百亩之土，可养二三十人"⑥，以这个标准来衡量的话，那么明清时期很多地狭人稠地区的人均耕地甚至不足以维持其基本生计问题。

① 梁庚尧：《中国社会史》，上海：东方出版中心，2016年，第210页。
② 葛剑雄，曹树基：《对明代人口总数的新估计》，《中国史研究》1995年第1期。
③ 李根蟠：《中国古代农业》，北京：中国国际广播出版社，2010年，第209页。
④ （明）王圻撰：《续文献通考（第一卷）》卷3《田赋考》，北京：现代出版社，1986年，第35页。
⑤ 闵宗殿主编：《中国农业通史（明清卷）》，北京：中国农业出版社，2016年，第9-10页。
⑥ （清）张履祥著，陈祖武点校：《杨园先生全集》卷5《书四》，北京：中华书局，2014年，第118页。

表1-1　明清杭嘉湖地区的人均耕地亩数[①]

地　区	年　代	人均耕地/亩
杭州府	洪武二十四年（1391年）	3.01
	乾隆四十九年（1784年）	1.01
嘉兴府	洪武初年	3.5
	乾隆三十四年（1769年）	1.58
湖州府	洪武二十四年（1391年）	3.6
	乾隆中期	1.2

　　激烈的人地矛盾，使得人们将对土地的广度开发演变成深度开发，他们逐渐意识到"买田莫若粪田"，所以通过精耕细作来提高单位土地上的粮食产量。宋代农学家陈旉建议农民要"相继以生成，相资以利用。种无虚日，收无虚月，一岁所资，绵绵相继"[②]，农民改变了唐代以前江南地区盛行的稻田两年一作的摞荒休闲制，开始通过连作、间作、套种、混作等技术措施来提升土地的利用率，宋代江南地区的水稻移栽已成为定制，这样就为稻麦二熟和双季稻的种植提供了时间。宋代长江流域和太湖地区的稻麦两熟制已变得较为常见，陈造的《田家谣》提到："半月天晴一夜雨，前日麦地皆青秧"，描述的正是在刈麦后的田中已插上稻秧的稻麦二熟制度，朱长文撰的《吴郡图经续记》中也提到"吴中地沃而物夥……其稼，则刈麦种禾，一岁再熟"[③]，尽管目前学界对稻麦两熟在宋代的推广程度有所争议，但不可否认的是这种连作方法在当时已颇具规模，在明清时期更是得到了进一步推广。但这种稻麦复种制对地力的损耗甚大，《浦泖农咨》就称："二麦极耗田力，盖一经种麦，本年之稻必然歉薄"[④]，需要投入更多的肥料资本。与此同时，宋代以降双季稻的种植变得甚为普遍，陈藻的诗

---

① 根据范金民：《明清杭嘉湖农村经济结构的变化》，《中国农史》1988年第2期绘制。

② （宋）陈旉著，万国鼎校注：《陈旉农书校注》，北京：农业出版社，1965年，第30页。

③ （宋）朱长文撰：《吴郡图经续记》卷上《物产》，南京：江苏古籍出版社，1999年，第9页。

④ （清）姜皋：《浦泖农咨》，顾廷龙主编，《续修四库全书》编纂委员会编：《续修四库全书976子部·农家类》，上海：上海古籍出版社，2002年，第218页。

句"早禾收罢晚禾青,再插秧开满眼成"[1]正是宋代福建种植双季稻的证据,根据游修龄、曾雄生的研究,宋代岭南、福建、江西、浙江和江苏的广大地区都有双季连作稻的分布,明清时期更有190个州县有双季稻种植之记载[2]。水稻本身就是需肥量很大的作物,在施肥不足的魏晋时代,只能"唯岁易为良"[3],双季稻的种植显然比先前的单季水稻种植需要消耗更多地力,因为第二茬晚稻也需要相当的肥料,所以农学家称"二遍稻田,用力多而灌荫"[4],弘治年间《温州府志》也记载当地的双季稻种植"非土力有余沃不能全也"[5]。在晚清出版的《农学报》中,对当时农业实践中双季稻的早稻和晚稻之施肥数量给出了一组数据:"早稻或用粪,每亩二十担……或用豆饼,每亩六十斤……晚稻亦用粪,或用杵碎豆饼,每亩五十斤……早稻每亩粪料,约值钱一千五百,晚稻约值钱千"[6],由此可见其所需肥料总数之庞大。李彦章还在其《江南催耕课稻编》中记载了一种间作双季稻的种植方法,即早稻插秧后十余日,在早稻间隙中插莳上晚稻,需要极大的肥料之消耗,在水稻秧苗期先要在秧田中施肥"以粪助其速长",大田犁耙地完毕后先须要"用粪一次",插秧时亦要"以秧根淬粪汁",伺十余日秧活之后再"粪一次",待到早稻收获后,还须对晚稻在"立秋后处暑前,耘一次,粪一次",才能最终收获晚稻,[7]肥料的使用几乎贯穿于每个种植过程之中。

值得注意的是,前面所讲的稻麦二熟和双季稻仅仅是南方地区多熟制

① (宋)陈藻:《秋雨》,载《乐轩集》卷1,四库本,第11a页。

② 游修龄,曾雄生著:《中国稻作文化史》,上海:上海人民出版社,2010年,第200-205页。

③ (北魏)贾思勰著,缪启愉校释:《齐民要术校释》,北京:中国农业出版社,1998年,第138页。

④ (清)何刚德:《抚郡农产考略》,清光绪三十三年(1907年)苏省印刷司重印本,第2b页。

⑤ (明)王瓒、蔡芳撰:弘治《温州府志》卷7《土产》,明弘治十六年(1504年)刻本,第1b页。

⑥ 《各省农事述(续)》,见《农学报》第26期,1898年,第48-51页。

⑦ (清)李彦章:《江南催耕课稻编》,转引自陈树平主编:《明清农业史资料(1368—1911)》,北京:社会科学文献出版社,2013年,第866页。

的两种突出的代表，除此之外，《广东新语》中还提及岭南地区的一年三熟制，北方地区很多温度适宜的地区从宋代开始也从一年两熟制逐渐发展为两年三熟制或三年四熟制。宋代以降，这些新的耕作制度的逐渐普及使得土地对肥料的需求量大增，肥料就作为农业发展中的一个棘手的问题开始凸显出来。

二、经济作物的规模种植与地力损耗

宋代以来，尽管以水稻种植为核心的粮食生产依然是江南农业最主要的生产部门，但与此同时，经济作物的种植已开始出现革命性进展，在经济方面开始占据重要的地位，甚至明清时期在很多地区出现经济作物与水稻争田的现象。范金民认为在明清江南地区，"田"一般用来种植粮食作物，"地"则是种植经济作物。明清江南农民特别注重对"地"的经营，而稍微忽略"田"的耕作，明清时许多地方志中记载的地增田减的现象，可以被视作江南地区经济作物普遍得到扩种的一个重要标志。[1] 清代官员黄可润对经济作物的扩张感叹道："直隶保定以南从前凡有好地者多种麦，今则种棉花，如浙人凡有好地者皆种桑，闽人凡有好地者皆种烟菁甘蔗"。[2] 下面笔者将挑选几种宋元以来引进的重要经济作物，简述它们在宋代以后的传播和扩散过程以及它们与肥料之间的关系。

首先来看棉花，这种作物大约在 13 世纪中叶被从印度等地引入长江流域[3]，宋代的棉花种植还主要集中在岭南地区，包括当时的广南西路、广南东路和福建路，然后开始逐渐往北扩展传播。[4] 元代至元二十六年（1289 年），元政府就在浙东、江东、江西、湖广、福建等地设木棉提举司，

---

[1] 范金民：《明清杭嘉湖农村经济结构的变化》，《中国农史》1988 年第 2 期。

[2] （清）黄可润：《畿辅见闻录》，清乾隆十九年（1754 年）璞园刻本，第 29 页。

[3] 章楷：《中国植棉简史》，北京：中国三峡出版社，2009 年，第 13–17 页。

[4] 曾雄生：《中国农业通史（宋辽夏金元卷）》，北京：中国农业出版社，2014年，第 551 页。

并开始向民间征收棉税"责民岁输木棉十万匹"[1]。明政府将棉税的征收范围扩大至全国，成为一项固定收入，甚至在洪武二十七年（1394 年），明太祖下令："凡民田五亩至十亩者，栽桑、麻、木棉各半亩，十亩以上倍之。麻亩征八两，木棉亩四两"[2]，这个政策造成了棉花种植迅速扩展至全国。棉花在明代的迅速扩张给时人留下深刻的印象，大学士丘濬对此有如是记载：

> 盖自古中国所以为衣者，丝麻葛褐，四者而已。汉唐之世，远夷虽以木棉入贡，中国未有其种，民未以为服，官未以为调。宋元之间，始传其种入中国，关陕闽广，首得其利。盖此物出外夷，闽广海通舶商，关陕壤接西域故也。然是时犹未以为征赋，故宋、元史《食货志》皆不载。至于我朝，其种乃遍布于天下，地无南北皆宜之，人无贫富皆赖之，其利视丝枲盖百倍焉。[3]（图 1-1）

植棉带来了巨大的经济效益，万历年间的《兖州府志》记载该地种棉花所带来的良好收益，甚至称"五谷之利，不及其半矣"[4]。这种"不蚕而棉，不麻而布"的新作物及其带来的巨大利润使棉花种植面积不断扩大，并促进了织造技术的迅速传播，宋应星称其"种遍天下"，织成的棉布也是"寸土皆有"，在谈到棉织布机时，他甚至认为"织机十室必有，不必具图"[5]。棉花的种植面积在清代得到更进一步扩展，时人李绂甚至夸张地称："予尝北至幽燕，南抵楚粤，东游江淮，西极秦陇，足迹所经，无不衣棉之人，

---

① （清）赵翼撰：《陔余丛考》卷 30，中华书局，1963 年，第 642 页。

② （清）张廷玉撰：《明史》卷 78，北京：中华书局，1974 年，第 1894 页。

③ 朱维铮，李天纲主编：《徐光启全集（七）》，上海：上海古籍出版社，2010 年，第 748 页。

④ （明）于慎行编：万历《兖州府志》卷四《风土志》，济南：齐鲁书社 1984 年影印明万历二十四年（1596 年）刻本，第 12b 页。

⑤ （明）宋应星著，潘吉星译注：《天工开物译注》，上海：上海古籍出版社，2016 年，第 116-117 页。

图 1-1　棉花采摘与收贩

体现了清代河北地区棉花种植与贸易的兴盛

注：（清）董诰辑：《授衣广训》卷上《采棉》《收贩》，扬州：广陵书社，2009 年，第 14b、第 21a 页。

无不宜棉之土"①。棉花的大量种植导致与水稻争地局面的出现，在松江、太仓、通州等地都出现"种花者多而种稻者少"，每年当地产米不足而只能靠客商从外地贩运，原因是"盖缘种花费力少而获利多，种稻工本重而获利轻，小民唯利是图，积染成风"②，甚至在偏远的边陲贵州，也是"其高原广种木棉，较植稻粱，获利加倍。苗民善于图利，是以种"③。

棉花是需肥较多的作物，据称亩产皮棉 100 千克，大致就需要消耗纯氮 13~18 千克，磷 5.5 千克，钾 11.5 千克，特别在开花结铃期需要更多的肥料④，所以必须种植在肥沃的土壤中，如万历年间沧州"东南皆沃壤，

① （清）李绂：《种棉说》，见（清）贺长龄编：《皇朝经世文编》卷37，清道光刻本，第 17 页。

② （清）高晋《奏请海疆禾棉兼种疏》，载仁和琴川居士编《皇清奏议（九）》，台北：文海出版社，2006 年，第 4992-4993 页。

③ （清）罗绕典《黔南职方纪略》卷1，台北：成文出版社，1974 年，第 19 页。

④ 纪雄辉主编：《农作物施肥实用技术》，长沙：中南大学出版社，2011 年，第 127 页。

木棉称盛"①，地方志的编纂者劝导农民"稻可岁岁种，而棉不可岁岁种，种棉久则土瘠而棉恶"②，古人对棉花喜肥的习性已有深刻的认识，对棉田的施肥也颇为用心，徐光启建议棉花千万不要用粪不够，要遵循"稀科肥壅"的原则，具体为"凡棉田，于清明前先下壅，或粪、或灰、或豆饼、或生泥，多寡量田肥瘠。"棉花用肥料多，所以还需慎重考虑与之搭配的接茬作物，尽量选择省肥作物与之搭配，徐光启强调"凡田，来年拟种稻者，可种麦；拟棉者，勿种也"③。甚至种棉久还会造成土壤衰竭，如《天下郡国利病书》里记载太仓州就因"种棉久则土膏竭，而腴田化为瘠壤"④。

自唐代中期以后，我国蚕桑业的重心由黄河流域逐步转移到江南地区，在很多地方，蚕桑成为农家生计的主要来源。如南宋时湖州的山乡即有"富室育蚕有至数百箔"⑤的情景，陈旉笔下的湖中安吉亦是"彼中人唯藉蚕办生事。十口之家，养蚕十箔"⑥。明清时期，江南的蚕农不但自己种桑树来养蚕，在桑叶不足时还通过市场手段来购买桑叶来饲蚕，形成了号称"叶行""叶市"的桑叶市场。田地种桑比种植粮食获得的利润要大，史称植桑"大约良地每亩可得叶八十箔，每二十斤为一箔，计其一岁垦锄壅培之费，大约不过二两，而其利倍之。"⑦这种丰厚的利润促使桑树的种植范围进一步扩展，明代的谢肇淛在《西吴枝乘》中记载彼时湖州种植桑树的规模，称"湖民力本射利，计无不悉，尺寸之堤，必树之桑……富者田连阡陌，

① 万历《沧州志》卷3《田赋志·土产》，转引自陈树平主编：《明清农业史资料（1368—1911）》，北京：社会科学文献出版社，2013年，第393页。

② （清）王昶纂修：嘉庆《直隶太仓州志》卷20《水利下》，清嘉庆七年（1802年）刻本，第17b页。

③ 朱维铮，李天纲主编：《徐光启全集（七）》，上海：上海古籍出版社，2010年，第744页。

④ （清）顾炎武撰：《天下郡国利病书》第5册《苏下》，昆山图书馆藏稿本，第53a页。

⑤ （宋）谈钥：《嘉泰吴兴志》卷20《物产》，载宋志英选编：《宋元方志经济资料丛刊2》，北京：国家图书馆出版社，2015年，第265页。

⑥ （宋）陈旉著，万国鼎校注：《陈旉农书校注》，北京：农业出版社，1965年，第55页。

⑦ （明）徐献忠撰：《吴兴掌故集》卷13《物产类》，台北：成文出版社，1983年，第771页。

桑麻万顷"①，甚至该地区还利用墙隙和田旁的边角土地来"植边"，据该地清代时的地方志记载，本地区"其树桑也，自墙下檐隙以及田之畔池之上，虽惰农无弃地者"②。张履祥称墙下种的桑树，每枝大者可以养蚕一筐，可见经济效益亦比较明显。种植桑树需要投入较多肥料，如江苏、浙江两省种植桑树皆要"一年二次施肥料于桑树，故枝叶繁茂也"③。桑树的施肥技术十分繁琐，根据《抚郡农产考略》的记载，因为"桑宜重肥"的原因，所以桑树从"下种时以草灰拌种"，然后在春初吐芽后，还要"浇以陈粪三分，水七分，凡两次"，最后在"每年冬月、正月暨清明剪叶后，用水粪各半浇之"，这种粪溉每年需要进行 4 次。④自宋代开始，南方的许多地区已经出现了桑树和稻田争肥料的局面，如宋代浙江富阳的农民就"重于粪桑，轻于壅田"⑤。

烟草传入中国时最初被音译为"淡巴菰"，大概是明代万历年间从吕宋（今菲律宾）传入我国，它先被引种到福建的漳州和泉州等地，继而推广到长江中下游地区和九边⑥。烟草传入后，种植的区域非常广，明末杨士聪称当时"烟草处处有之"，甚至"二十年来，北土亦多种之"。烟草种植能够带来丰厚的利润，杨氏称"一亩之收，可以敌田十亩，乃至无人不用。"⑦清代吸烟人数进一步增加，清人王诉曰："国初时食者犹少，近百年以来人皆食烟，烟遂为日用常品。"⑧消费的刺激拉动了烟草种植面积的进

---

① （清）周学濬撰：同治《湖州府志》卷 29《风俗》，同治十三年（1874 年）刊本，第 3a 页。

② （清）周学濬撰：同治《湖州府志》卷 30《蚕桑上》，同治十三年（1874 年）刊本，第 8a 页。

③ （清）吴大澂：《时务通考续编》卷 16，转引自陈树平主编：《明清农业史资料（1368—1911）》，北京：社会科学文献出版社，2013 年，第 442 页。

④ （清）何刚德：《抚郡农产考略》卷下，清光绪三十三年（1907 年）苏省印刷司重印本，第 49a 页。

⑤ （宋）程珌：《洺水集》卷 16《壬申富阳劝农》，四库全书本，第 6 页。

⑥ 闵宗殿主编：《中国农业通史（明清卷）》，北京：中国农业出版社，2016 年，第 422–423 页。

⑦ （明）杨士聪：《玉堂荟记》卷下，北京：中华书局，1985 年，第 69 页。

⑧ （清）王诉撰：《青烟录》卷 8《食烟考》，载四库未收书辑刊编纂委员会：《四库未收书辑刊（拾辑·拾贰册）》北京：北京出版社，第 533 页。

一步扩展。烟草对肥料的需求极大，烟株中约有 60%~70% 的氮素需要通过肥料来补给。张翔凤在《烟草诗》就称烟草"根长全赖地肥力，气厚半藉土膏腴"[1]。包世臣将种植烟草所用肥料与其他水旱田施肥的数量进行对比，得出"计一亩烟叶之粪，可以粪水田六亩，旱田四亩"[2] 的结论，尽管需要很多的肥料，但种烟草所带来的效益却颇为可观，方苞指出烟草的收入"视百蔬则倍之，视五谷则三之"[3]，在这种高利润的诱惑下，民间还是将"土地膏腴，豆饼粪田，悉为烟叶。"[4] 烟草种植的兴盛，造成了严重的后果，农民把大量的肥料投入到烟田中，而忽略了粮食作物的培壅，以致酿成灾荒。同治年间江西新城地方志中的《嘉庆十年大荒公禁栽烟约》记载了这样一则故事：

> 新城僻处万山中，户口日增，田亩无几。彼栽烟必择腴田，而风俗又惯效尤，一人栽烟，则人人栽烟，合千百人栽烟若千亩，便占腴田若千亩。每栽烟一岁，则地力已竭，越岁又易一亩以种之，递年更换，有休一岁仍种烟者，休二岁三岁仍种烟者，既已占去禾亩，更使栽谷尽皆瘠土，其为一害也。
>
> 古称粪多力勤者为上农。近年粪簰拥挤河下，皆莳烟家借债屯粪，竞以昂价长年搬运，而壅禾则半用石灰，粪少谷稀，往往每禾一总，上者著谷二三百粒，中者下者百余粒，近来最茂者不过百粒，以故佃户动辄请田主看禾，纷纷长减，绝少如额，甚至连年拖欠，讼狱繁兴，农不休息，其为害二也。[5]

从中可以看出广莳烟草使得当地腴田变为瘠土，只能借债买粪来壅烟

① （清）张翔凤:《烟草诗》，见（清）陈琮著:《烟草谱》卷 5，清嘉庆刻本，第 2b 页。

② （清）包世臣:《安吴四种》卷 26《庚辰杂著二》，第 2b– 第 3a 页。

③ （清）方苞著:《请定经制劄子》，载《方望溪全集》，北京：中国书店，1991年，第 263 页。

④ （清）郝懿行:《证俗文》卷 1，清光绪东路厅署刻本，第 1b 页。

⑤ （清）刘昌岳修，邓家祺纂:同治《新城县志》卷 1《风俗》，清同治十年（1871 年）刊本，第 17 页。

田，而忽略了对稻田施肥，这一连串因素最终导致了饥荒的结局。类似烟草妨农的事件在明清时期的文献中亦屡见不鲜，甚至连最高统治者雍正帝也为此颁布了一道谕旨，他痛斥烟草的弊端，称它"于生人日用毫无裨益，而种植必择肥饶善地，尤为妨农之甚者也。"他还希望"惟在良有司勤勤恳恳，谆切劝谕，俾小民豁然醒悟"[1]。

除此之外，还有其他一些经济作物的种植规模在宋代之后开始扩大，随着丝织业和棉纺业的发展，染造行业兴盛起来，作为染料的蓝靛也变得重要起来，光绪《威远县志》中就记载该地"乡有二靛，乃山中奇货，利倍于稻，多废稻田以种"[2]的现象。蓝靛的种植也需要良好的肥料条件，乾隆年间的《梧州府志》记载靛需要在肥沃的土壤中种植，"靛即蓝草，腴田种之，获倍利"[3]。甘蔗在明代已盛产于福建、广州、四川等地[4]，如在福建泉州"其地为稻利薄，蔗利厚，往往有改稻田种蔗者，故稻米益乏，皆仰给于浙直海贩。"[5]清代士人屈大均感叹广东当地"蔗田几与禾田等矣"[6]。甘蔗对肥料的要求甚高，需要"芽长一两寸，频以清水粪浇之。……长至一两尺，则将胡麻或芸薹枯浸和水灌"[7]。油菜最初被称作"芸薹"，仅是一种食叶的蔬菜，淳熙《新安志》中记载"凡菽、苎、菜草子皆有膏油，但可照灼，至服食须麻膏"，表明至迟在南宋时人们已经开始利用其籽来榨油，对菜籽油的需求导致油菜的种植范围得到扩大，南宋的项安世曾感叹曰："自过汉水，菜花弥望不绝，土人以其子为油"[8]。元代以后，因

---

① 马宗申校注，姜义安参校：《授时通考校注（第三册）》，北京：农业出版社，1993年，第188页。

② （清）吴增辉修，吴容纂：光绪《威远县志》卷2《物产》，清光绪三年（1877年）刻本，第3a页。

③ （清）吴九龄修，史鸣皋纂：乾隆《梧州府志》卷3《物产》，清同治十二年（1873年）刊本，第27b页。

④ 杨国桢，陈支平：《明史》，北京：人民出版社，2006年，第203页。

⑤ （明）陈懋仁：《泉南杂志》卷上，北京：中华书局，1985年，第7页。

⑥ （清）屈大均：《广东新语》卷27《草语》，北京：中华书局，1985年，第689页。

⑦ （明）宋应星著，潘吉星译注：《天工开物译注》，上海：上海古籍出版社，2016年，第64–65页。

⑧ （宋）项安世：《平庵悔稿》卷7，清钞本，第2a页。

为油菜具有良好的耐寒性，人们逐渐将其作为稻的复种搭配作物，其种植范围更是得到了进一步扩张，油菜也是需肥多的作物，所需的氮磷钾比水稻多，黄宗坚就感叹油菜地"拔土膏尤甚"[1]，所以《沈氏农书》中的逐月农事安排中，十月至次年二月的连续四个月份都有"浇菜"的任务，可见其施用追肥之频繁[2]。其他美洲作物比如嘉靖、万历年间传入的玉米、甘薯和花生等，虽然有"不与五谷争地，凡瘠卤沙冈，皆可以长"[3]的优点，能在一些不能生长粮食的土地上生长，扩大了农业种植的边界，虽然施肥较少，但它们也在客观上也扩大了施肥的总地域，所以导致肥料缺乏的问题更加地严峻。

三、施肥的社会因素

正如马克思所说的那样，"肥沃绝不像所想的那样是土壤的一种天然素质，它和现代社会关系有着密切的联系"[4]。在中国古代传统社会中，肥料的施用并不是农业内部的一件纯技术的农事活动，它与当时社会的经济政策、土地制度、租佃关系、赋税制度等因素都有着密切的联系。

宋代以降，人口增长的速度远超过耕地面积增长的速度，人口对粮食的需求量增大，导致粮价上涨。宋代每斗米的价格就呈现上涨的趋势（表1-2），明清时期，粮价的增幅更加突出[5]，很多地方粮食储备不足，不得不依靠"客米"来供应，粮价的飞涨甚至引起了皇帝的注意,康熙帝说："今岁不特田禾大收，即芝麻、棉花皆得收获，如此丰年，而米粟尚贵，皆由

① （清）黄宗坚撰：《种棉实验说》，清光绪二十六年（1900 年）上海总农会石印本，第 1a 页。
② （清）张履祥辑补，陈恒力校释，王达参校、增订：《补农书校释》，北京：农业出版社，1983 年，第 11-23 页。
③ （清）周亮工：《闽小记》卷 3《番薯》，上海：上海古籍出版社，1985 年，第 125 页。
④ ［德］马克思：《哲学的贫困》，北京：人民出版社，1962 年，第 126 页。
⑤ 闵宗殿主编：《中国农业通史（明清卷）》，中国农业出版社，2016 年，第 12-17 页。

人多地少故耳。"① 粮食价格的升高，导致了富人对投资田产的兴趣增加"②，农业商品化的程度促使部分地主不单纯依靠地租来过活，他们亲自雇工来参加经营，如晚唐时期的陆龟蒙，就"有田数十亩与江通，常苦饥，躬耒耜之勤，嗜茶，置园顾渚山下，岁取租焉"③。在明清时期，江南地区出现一大批力田致富的经营性地主和富农，如湖州归安的茅氏"力田，精稼穑……广田畴，丰栋宇，多童仆……桑田畜养所出，恒有余饶"④，他们通过雇佣劳动力来经营商业性农业，按照市场需求种植各种作物，这些"上农"资本丰厚，在农耕时施肥也多，如明代归安的经营地主茅坤就曾力田致富，种植桑树数十万株，善于"耰粪畜以饶之"⑤；明末地主沈氏也是粪多力勤的典型，他通过平望觅壅、杭州买粪、租窖等途径获取了大量肥料，对他们来说"粪多之家，每患过肥谷秕"⑥ 才是需要担心的问题。

表 1-2　宋代不同时段的稻米价格⑦

年代	每斗米价格
景德四年（1008 年）	20 文（淮、蔡）
元祐五年（1090 年）	60~00 文（苏、杭）
乾道三年（1167 年）	120~130 文（临安府、浙西）

佃户是指土地不足或无地可耕的农民，他们依靠向地主租佃土地来过活，佃农群体的数量庞大，北宋时期约占全国户口的 30%~40%，南宋时

① （清）：王先谦撰：《东华录》《康熙九十二》，清光绪十年（1844 年）长沙王氏刻本，第 6a 页。
② 梁庚尧：《中国社会史》，上海：东方出版中心，2016 年，第 215 页。
③ （宋）范成大：绍定《吴郡志》卷第 21《陆龟蒙传》，宋绍定刻元修本，第 13b 页。
④ （清）张履祥著，陈祖武点校：《杨园先生全集》卷 38《近鉴》，北京：中华书局，2014 年，第 1036 页。
⑤ （明）茅坤撰：《茅鹿门先生文集》卷 23《亡弟双泉墓志铭》，明万历刻本，第 10b 页。
⑥ （清）张履祥辑补，陈恒力校释，王达参校、增订：《补农书校释》，北京：农业出版社，1983 年，第 35—36 页。
⑦ 梁庚尧：《中国社会史》，上海：东方出版中心，2016 年，第 215 页。

则在 20%~40%[1]，明清时期佃农的比例更多，明末清初的吴中地区甚至出现"有田者十一，为人佃作者十九"的夸张情况[2]。对于佃农来说，宋代以降租佃制度的变化对他们施肥产生积极影响的因素至少有如下三个：首先是额租的扩大。分成租是地主和佃户根据收成状况按比例分配的方式，一般是四六或对半分，但倘若耕牛、农具等生产资料由地主提供，地主的分成则会更高。宋代以来，随着南方稻作农业技术体系的成熟，除个别灾荒年份，佃户每年获取的收成有了一定保障，加上土地零碎化现象严重，地主监督不便，导致定额地租开始替代分成租。明清时候，额租在更大范围得到普及。这种类似于"交足国家的，留够集体的，剩下都是自己的"的制度极大提高了劳动者的劳动积极性，鼓励他们更多的向田地中施加肥料。其次货币地租的流行。虽然实物地租仍然是地租的主要方式，但从唐代中叶就开始有以货币代替实物纳租的情况，随着商业的发达和货币向农村的流动，南宋时期货币地租就开始流行起来，在明清时期，货币地租更加兴盛，货币地租的流行使农民必须将自己的农产品投入市场中卖钱交租，这样也客观上促使肥料投入的增加。最后也是最重要的一个因素是长租和永佃制度的盛行。在租佃契约租期不固定的情况下，佃户的权利得不到保障，如云南的一些地主租出贫瘠的田地之后，"伺佃加粪勤力，耕久成熟，又辄勒增租数，不则夺田另佃"[3]，这严重打击了佃户对田地施肥的积极性。明清时期租佃制度向长期化的方向迈进，学者以明清时期徽州地区租佃制度为例的研究发现：租期在 20 年以上长租占彼时总租佃的 20%~30%，有许多租簿中记载着长租的制度。有些佃户实际佃耕的佃期甚至可以达到四五十年以上。[4] 与此同时在明清时期，佃户享有永久性租佃权的永佃制也变得较为常见。美国学者韩书瑞（Susan Naquin）和罗友枝（Evelyn Rawski）在其著作中对永佃制度的缘起和分布范围做了窥测，认为保证佃

---

① 梁庚尧：《中国社会史》，上海：东方出版中心，2016 年，第 219–220 页。

② （清）顾炎武：《日知录》卷 10《苏松二府田赋之重》，清乾隆刻本，第 15b 页。

③ 罗仰：《议覆本府筹画足民详文》，载乾隆《嘉志书草本》，转引自王建革：《传统社会末期华北的生态与社会》，北京：生活·读书·新知三联书店 2009 年，第 312 页。

④ 梁庚尧：《中国社会史》，上海：东方出版中心，2016 年，第 349 页。

户有永久耕种权的永佃制度最早是 16 世纪后期在福建南部出现的，到 18
世纪时已传播到整个水稻生产地区，在许多旱地耕作地区也能见到，这种
制度"由于保证了佃户能长期耕种土地，使得他们有兴趣保持土壤肥力，
以增加产量"。[1] 这一点也得到相关史料的佐证：如清代嘉庆年间台湾地
区的许多官田，最初"因耕佃一年一换，无人肯实力用本下粪，田园瘠薄，
日就荒芜"，在这种情况下，官府准许永佃，许多佃农开始投入大量劳动
力来"用本下粪"改良土壤，土壤肥力因而得到很大的提升。[2]

在以农立国的中国传统社会中，除少数官户外，包括地主、自耕农和
佃农在内的各阶层的农民所耕种的民田都需要向国家缴税，[3] 宋元沿袭唐
中叶以来实行的"两税法"，一年分夏秋两季来征收赋税，唐代两税法是
"以资产为宗"，而宋代则是以"田产亩"为宗。南宋开始实行以"辨别
土色高低"来定税的经界法,如绍兴府萧山县"析田以六等,均税以三则"[4]，
依据土地的肥瘠程度纳税，有助于提高农民施肥改良土壤的积极性，因为
通过施肥来提高劣质土地的土壤并不会受到高税的威胁。明英宗正统元年
（1436 年）以来，开始逐步实行田赋折银，规定每两银子可当米四石，称
为"金花银"，万历年间又实行一条鞭法的改革，除了部分地区缴纳的漕
粮外，全国田赋基本都折成银两来征收。田赋从实物征收改为征收白银刺
激了农产品的商品化，迫使自给自足的小农将自己的土产品投放到市场上
来换取白银纳税，客观上刺激了农业的商品化，使得农民加大了对肥料等
资本的投入。

① ［美］韩书瑞，罗友枝著，陈仲丹译:《十八世纪中国社会》，南京：江苏人民
    出版社，2009 年，第 96 页。
② 台湾银行经济研究所:《台湾私法物权编》第 155《永佃执照》，台北：大通
    书局，1987 年，第 395 页。
③ 在个别地区，也有佃户只向地主交租，由地主来向国家纳税，如清人钦善
    《松问》中的"佃不知税，挈租于田"。
④ （宋）韩元吉:《南涧甲乙稿》卷 21《承议郎新通判兴国军孟君墓志铭》，北
    京：中华书局，1985 年，第 423 页。

四、集约化施肥的尝试：区田在宋代以后的命运

区田法是我国历史上的一种重要农业技术，首载于汉代《氾胜之书》，其基本原理是深挖作区，在区内集中人力物力，加强管理，集中施肥浇水，精耕细作，以提高单位面积的产量。其发明的缘由据称是因为"汤有旱灾，伊尹作为区田，教民粪种，负水浇稼"①，西汉和魏晋时期我国北方地区的气候总体上偏干旱②，所以实行区田的主要目的是抗旱保墒，在小的区域内提供充足的灌溉条件，以获得丰收，《氾胜之书》称"区种，天旱常溉之，一亩常收百斛"③，正是这一点的反映。魏晋之后，区田法的技术就开始逐渐退出农业典籍的记载。宋代以降，随着人口的增长，这种具有最高亩产纪录的古代土地利用方式又重新引起了人们的关注，尤其是在明清时期，区田著作层出不穷，因为区田"以粪气为美，非必须良田也。诸山、陵、近邑高危倾坂及丘、城上，皆可为区田"，并"不耕旁地，庶尽地力"④，明清时期，生齿日增而地不加广。区田不需要大块的耕地，也不要求有铁犁牛耕，只需要投入大量劳动力，适合明清时期大规模的、缺乏耕牛和大型农具的小农使用。

金章宗明昌三年（1192年），皇帝和宰执商议在全国推行区田法，参知政事胥持国奏曰："今日方之大定间，户口既多，费用亦厚。若区种之法行，良多利益。"随后他在城南试验，并获得良好的收成，这条建议最终被批准。于是在五年（1194年）的正月，敕谕农民区种："敕令农田百亩以上，如濒河易得水之地，须区种三十余亩，多种者听。无水之地则从民便。"承安元年（1196年）四月，初行区种法，并规定了每人区田的数量：

---

① （北魏）贾思勰著，缪启愉校释：《齐民要术校释》，北京：中国农业出版社，1998年，第82页。

② 葛全胜等：《中国历朝气候变化》，北京：科学出版社，2011年，第155、236页。

③ （北魏）贾思勰著，缪启愉校释：《齐民要术校释》，北京：中国农业出版社，1998年，第83页。

④ （北魏）贾思勰著，缪启愉校释：《齐民要术校释》，北京：中国农业出版社，1998年，第82页。

"男年十五以上、六十以下有土田者丁种一亩，丁多者五亩止。"泰和四年（1204年）九月，尚书省奏："近奉旨讲议区田，臣等谓此法本欲利民，或以天旱乃始用之，仓卒施功未必有益也。且五方地肥瘠不同，使皆可以区种，农民见有利自当勉以效之。不然，督责虽严，亦徒劳耳"①。随后前后推行了十几年的区田法最终被喊停。元代继续推行区田法，由大司农司编纂的农业生产指导《农桑辑要》将"区田"专辟一节，与推广棉花种植、反对风土论等农学知识放在同等重要之位置，《清儒学案》也说"元时最重区田之法，诏书数下，令民间学种区田"，但政府的号召并没有得到民间的回应，史称元政府虽然下过几次诏书，但结果却是"民卒不应"②。明清时期，关于区田的著作层出不迭，清代道光年间赵梦龄将孙宅揆的《丰豫庄本书》、帅念祖的《区田编》等5本著作汇编成《区种五种》，其弟子范梁在刊刻时又加入耿荫楼的《国脉民天》作为附录，20世纪50年代，王毓瑚又另辑王心敬《区田法》、潘曾沂《区种法》等5种，合编为《区种十种》，可见区田理论在明清时期的盛行。另外，在明清的农学实践中，关于区种的试验也层出不绝，从华北到江南，从旱地到水田，都有人进行有关区田法的实验（表1-3），他们甚至尝试将原本用于旱作农业中抗旱的区田法应用到稻作水田中，虽然这些小面积的实验大多取得了高于普通田地产出的丰产，但终因工本太大而无法得到进一步的推广。

表1-3　明清时期区田试验、推广区域③

地点	时间	资料来源
安徽凤阳	万历、天启年间	乾隆《凤阳县志》
江苏太仓州	清初	《思辨录辑要》
江苏吴县	道光年间	《丰豫庄本书》
江苏青浦县、吴县	道光年间	《多稼集》

① （元）脱脱等著：《金史》卷50《食货五》，北京：中华书局，1975年，第1123-1124页。

② 徐世昌编纂，沈芝盈，梁运华点校：《清儒学案》，北京：中华书局，2008年，第165页。

③ 根据陈树平主编：《明清农业史资料（1368—1911）》，第1454-1465页的内容绘制。

（续表）

地点	时间	资料来源
湖南浏阳、宁乡	光绪年间	《致富纪实·区田》
直隶	天启、崇祯年间	《国脉民天·附录》
直隶保定府	雍正年间	《多稼集》
直隶保定	乾隆年间	《东齐脞语》
直隶顺天府	乾隆年间	《增订教稼书》
直隶蠡县	咸丰十年（1860 年）	秦聚奎《重刊〈国脉民天〉序》
直隶曲周县	同治年间	《重刊区田编》
直隶丰润县	光绪年间	光绪《丰润县志》
山东聊城	雍正年间	《多稼集》
山东聊城	乾隆中期	《〈增订教稼书〉序》
山东济宁	乾隆年间	《增订教稼书》
山西蒲州、平定县	康熙晚期	《教稼书》
山西太原府及其他	康熙晚期	《教稼书·序》
河南许州、温县	咸丰年间	《区田注·附记》
河南、山西	同治年间	《区田注·序》
河南淇县	光绪三十四年（1908 年）	《区田试种实验图说》
陕西鄠县	乾隆年间	《区田法》
陕西	乾隆后期至清末	《修齐直指》
陕西	光绪三年（1877 年）	《各省劝办区种并饬属开井片》
陕西郿州	光绪年间	民国《陕西通志》
甘肃、江苏、江西	雍正至乾隆七年（1742 年）	《区田编》
甘肃	光绪初期	《答谭文卿书》

我们来分析下宋代以降区田法在农业实践中推广失败的原因，区田所需要的资本无非是 3 种：水、肥和人力，在人多地少的明清时期，劳力自然不是导致其失败的主要因素，水利灌溉之不足曾是先前困扰区田推广的重要因素，但明清时期推广的区田法很多是在水田稻作地区，在水田上应用区田法的事例是屡见不鲜的[1]，且当时设计的区田的田头有沟畦，水流可以便捷地被引入畦中（图 1-2），所以灌溉水源也不应该是导致其失败

---

[1] 曾雄生：《中国农学史（修订本）》，福州：福建人民出版社，2012 年，第 508–509 页。

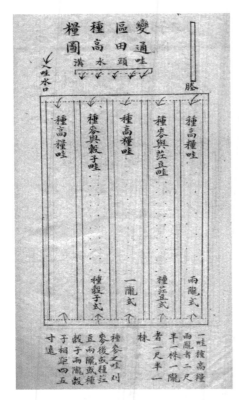

图1-2　清代农书中的区田及其灌溉水源

注：（清）冯绣：《区田试种实验图说》，光绪戊申年（1908年）河南官纸刷印所印。

的罪魁祸首，那么通过排除法可以发现真正导致其失败的因素是由于肥料的缺乏。区田需要极大的肥料投入，根据杨屾及其门生的记载，区田施肥先是要在做好区后，"用人粪或猪粪、油渣，与区中土相和"；等到禾苗长到一尺二三寸时，还须"再上盦过熟粪一寸"；及长二尺余高，要"再加粪一寸"；俟出穗后，又要"再加粪一寸"[①]。这样即使最终获得的收成比普通田地要高一些，但由于明清时期肥料资源之匮乏，也不会得到大范围的推广，下面的故事可以间接证明这一点：

郑念祖者，邑素封家也。佣一兖州人治圃，问："能治几何"？曰："二亩，然尚须傭一人助之。"问："亩之粪几何？"曰："钱二千"。其邻之闻者，哗曰："吾一人治地十亩，须粪不过千钱。然岁之所出，常不足以偿值。若所治少而须钱多，地将能产钱乎？"郑亦不能尽信，姑给地而试之。日与其人辟町治畎，密其篱，疏其援，萌而培之，长而导之，燠而灌之，湿而利之。除虫蚁，驱鸟雀，虽所治少，而终日撌撌不休息。他圃未苗，而其圃蔬已实，蔬已繁矣。鬻之市，以其早也，价辄倍。比他圃入市，而其所售者已偿其本；与他圃并市者，皆其赢也，又蔬蓏皆鲜美、硕大，殊于他圃。市之，即速售。岁终而会之，息数

[①]（清）杨屾撰，齐倬注：《修齐直指》，见王毓瑚辑：《区种十种》，北京：财政经济出版社，1955年，第80页。

倍。其邻乃大羡，然亦不能夺其故习也。[1]

从上述事例中可以看出，种圃之家虽然获得的收益比平常百姓家好很多，但是由于一亩地施肥的费用是普通田地费用的 20 倍，所以即使在他获得了大丰收和在市场上卖出好价格之后，其邻居也仅仅是"大羡，然亦不能夺其故习也"。《清儒学案》中对区田法推广之失败也有类似之解读，认为区田法"其造埂掘区，粪种下谷，删株培根，耘苗所用工，倍常稼亩且什伯"，在肥料缺乏的条件下，造成"壅此而彼有不足"的缺陷，认为这正是区田法这种田制之所以"夫古有是书，而农圃不道者"的根本原因。[2]

综上所述，至少在本书的导言中交代的本研究所涉及的区域内，从宋代开始农业生产领域开始逐渐发生一场缓慢但持久的变革："种无虚日，收无虚月"的复种制度对肥料的需求加大；之前"神农未闻，本草不载"的经济作物在这个时段开始被引种且种植规模巨大，这些"利较谷倍"的商品性作物的种植需要大量肥料，对肥料提出了更高的要求；此外，宋代以降的土地制度、租佃关系和赋税制度也都对肥料的施用产生了积极的推动作用；最后，宋代以降区田法的复兴可算作是集约化施肥的一种尝试，其失败的原因也可以主要归咎于肥料的匮乏，这是宋代以降农业发展中肥料不足的一个突出标志，以上便是肥料在宋代以降农业发展中所扮演的角色。

---

[1]（清）李兆洛：《养一斋集》卷第五《食货志序》，道光二十三年（1843 年）活字印二十四年增修本，第 21b–22a 页。

[2] 徐世昌编纂，沈芝盈，梁运华点校：《清儒学案》卷 124《镜塘学案》，北京：中华书局，2008 年，第 4961 页。

第二章

气论与医道：士人对施肥理论的阐述

> 山少者地土相兼，脉理本密；兼以地皆种植，尺寸不遗，地气上升，多宣泄于五谷。又粪壅浇溉，地面肥饶，故密而地气不甚泄。
>
> ——（明）王士性《五岳游草》

在现代肥料学说创立之前，人们已经普遍意识到土壤仿佛是一架机器，要经常把庄稼从土壤中带走的东西归还给它，才能恢复其在生产过程中所消耗的"力量"，但土壤中存在的这种"力量"究竟是什么？却始终没有人能搞清楚，[①]直到德国科学家李比希正确地阐述了施肥理论，即土地肥力丧失的主要原因是植物消耗了土壤中生命所必需的矿物成分，必须要把农作物从土壤中吸走的矿物质养分以肥料的形式悉数归还给土壤，否则土壤将变得贫瘠，施肥的谜底才被解开，当然这只是西方历史的故事叙事。在古代中国，不知晓科学施肥原理的士人是如何根据其自身所认知的世界图景及其知识结构来构建他们自己的一套施肥理论的？这就是本章所要试图解决的问题。

---

① ［德］李比希著，刘更另译：《化学在农业和生理学上的应用》，北京：农业出版社，1983年，第2页。

通常来说，中国传统农学属于经验农学，但亦不能忽视其理论化的一面，先民在长期农业生产实践中积攒了大量的知识与原理，"这些原理原则，无可避免地会自己汇集成为一个思想体系或系统认识。我们认为中国农业生产知识，很早就已形成了一个哲学思想体系。"[①] 涉及的科学史方面，我国古人阐述这些现象与原理的工具便是气、阴阳、五行等理论与学说，日本科技史家山田庆儿认为："阴阳五行的思考在秦汉以后一直是中国在自然哲学上的思考的基础形态。不管阴阳五行说是否以其朴素的形态被纳入这种理论当中，但如去掉阴阳五行说的思考，是不会有中国的传统科学的"[②]，德国科学史家薛凤（Dagmar Schafer）也认为，中国古代所有涉及"科学"与"技术"的问题，都是通过"理""气""阴阳""五行"等术语来表述出来的[③]，虽然前贤从哲学的角度业已对阴阳、五行、气等概念及其在中国历史上的演化过程做过诸多有分量的研究，仅在农业哲学方面就有樊志民、郭文韬、赵敏、胡火金等学者的卓越成果，[④] 在科技史领域也有韩国学者金永植对朱熹自然哲学思想中"理""气""阴阳五行""数"等基本概念的探索与研究，[⑤] 但对于在一个特定技术领域中，气、阴阳、五行等概念是如何被镶嵌、编织进一个普通的技术现象中的，前辈学者却未进行过细致的研究，本章节尝试以宋元明清时代农家者流对施肥理论的阐述与发挥为例，来窥探中国古代的知识阶层对农学原理本土性的诠释。

[①] 石声汉：《中国古代农书评介》，北京：农业出版社，1980 年，第 9 页。

[②] ［日］山田庆儿：《古代东亚哲学与科技文化：山田庆儿论文集》，沈阳：辽宁教育出版社，1996 年，第 64 页。

[③] ［德］Dagmar Schafer, The Crafting of 10 000 Things: Knowledge and Technology in Seventeenth-century China, The University of Chicago Press, 2011, pp3.

[④] 详见樊志民：《〈吕氏春秋〉与秦国农学哲理化趋势研究》，《中国农史》1996 年第 2 期与《〈吕氏春秋〉与中国传统农业哲学体系的确立》，《农业考古》1996 年第 1 期；郭文韬，《中国传统农业思想研究》，北京：中国农业科技出版社，2001；赵敏：《中国古代农学思想考论》，北京：中国农业科学技术出版社，2013 年；胡火金：《协和的农业：中国传统农业生态思想》，苏州：苏州大学出版社，2011 年。

[⑤] ［韩］金永植著，潘文国译：《朱熹的自然哲学》，上海：华东师范大学出版社，2003 年，第 23–105 页。

一、为何施肥

中国古代士人普遍认为气是宇宙万物的本原，世界上的万事万物都是在气中衍生、分化出来的，宋应星在《论气》中就阐明"天地间非形即气，非气即形"[①]，农业生态系统是由天、地、人与动植物四大类所构成的，它们都与气的运行有着密切的关系。[②] 在土壤方面来说，农学家把气论学说运用到土壤中，这样土壤便被视作一个与人一样具有气脉的活体，在早期经典《管子》与《吕氏春秋》中便有了这种认识，农学家氾胜之与贾思勰继承了此说法，他们普遍认为土地具有如同人的气脉一样的"地气"。"地气"在温暖的春、夏季上升，而在寒冷的秋冬季下沉，"地气"旺盛是植物生长的前提，一切植物都是藉由"地气"而生长的，东汉时王充就认为："基上草生，地气自出者也"[③]，这样在面临"凡田土种三五年，其力已乏"[④] 这样一种正常自然现象的时候，士人们便很自然地联想到土地生产力下降是因为土地里"气"的消耗与衰竭，并认为"气衰则生物不遂"[⑤] 和"常治者，气必衰"[⑥]。清代理学家杨屾又在此基础上做了进一步的理论阐述，他认为土地中存在一种"膏油"的物质，这种东西就是土地的"气"，是植物生长中养分的来源，地气衰竭实际上是因为土地里的"膏油"被植物所耗尽，他写道："日阳晒地，膏油渐溢于土面，是谓土之生气，故能发育万物。若接年频产，则膏油不继而生气衰微，生物之性自不能遂"，并认为"惟沃以粪而滋其肥，斯膏油有助而生气复盛，万物发育，

---

① （明）宋应星著：《野议 论气 谈天 思怜诗》，上海：上海人民出版社，1976年，第52页。

② 惠富平著：《中国传统农业生态文化》，北京：中国农业科学技术出版社，2014年，第47页。

③ （东汉）王充著：《论衡》卷16，上海：上海人民出版社，1974年，第260页。

④ （宋）陈旉著，万国鼎校注：《陈旉农书校注》，北京：农业出版社，1965年，第34页。

⑤ （宋）陈旉著，万国鼎校注：《陈旉农书校注》，北京：农业出版社，1965年，第34页。

⑥ （明）马一龙：《农说》，北京：中华书局，1985年，第7页。

地力常新矣。"①

另有部分士人从阴阳论的角度来解释"地久耕则耗，三十年前禾一穗若干粒，今减十分之三"②这种地力衰退的现象，明代农学家马一龙以阴阳的视角来论述农作物的生长，他认为"阳"决定着植物的发生与繁茂，"阴"则主导作物的敛息与枯萎，作物的生长状况随着阴阳二气的升降而变化。作物的生长与结实全都要依靠充盈的阳气，③农作物繁茂生长的条件是"阳含土中，运而不息；阴乘其外，谨毙而不出"④，从这个角度出发，他认为引起土地连续耕种生产力下降的原因是土里的阳气泄漏于外，导致土里的阳气不足以支持作物的生长，只有通过肥料来补充土地的阳气，才能恢复其生产力。清人屈大均也持有类似的观点，他将广东某些地区的农民施用草木灰来粪田的原因解释为："灰有火气，田得其暖而阳气乃生"⑤。

为什么通过向土地施加粪肥能够恢复地气？对于这个问题，前代农学家贾思勰只是简略的提到"区田以粪气为美"⑥，却没给出更加详细的阐述，杨屾则借用医学中"余气"的概念，对此问题进行了尝试性的解释。中医中的"余气"类似于我们今天所说的"养分"的含义，李时珍在《本草纲目》中曾多次运用此概念，在论述动植物起源之时，他认为谷精草是由谷田的余气所生，鸣蝉是土木的余气所化，灵芝是腐朽物质的余气所生，而猪苓是木之余气所结。杨屾把余气的概念运用到农学对施肥问题的解释上，提出"粪壤之类甚多，要皆余气相培。即如人食谷、肉、菜、果，采其五行生气，依类添补于身；所有不尽余气，化粪而出，沃之田

---

① （清）杨屾著，郑世铎注：《知本提纲》，载王毓瑚辑：《秦晋农言》，北京：中华书局，1957年，第36页。

② （宋）吴怿撰，（元）张福补遗，胡道静校录：《种艺必用》，北京：农业出版社，1963年，第17页。

③ （明）马一龙：《农说》，北京：中华书局，1985年，第2页。

④ （明）马一龙：《农说》，北京：中华书局，1985年，第2页。

⑤ （清）屈大均：《广东新语》卷5《石语》。

⑥ （北魏）贾思勰著，缪启愉校释：《齐民要术校释》，第二版，北京：中国农业出版社，1998年，第82页。

间，渐滋禾苗，同类相求，仍培禾身，自能强大壮盛"[1]，即他认为土壤中的地气被生长于其上的农作物吸收，人通过吃谷、菜、果等植物结成的果实或吃依赖植物为食物的家养、野生动物的肉来添补自身的气，而使得人能够自身存活，粮食、果实、禽畜肉类中没被人吸收的那部分来自于地的余气，则化为粪便而排出体外，只有把粪便肥田，才能返回给土地一部分损耗的余气。[2]

二、以何物施肥及如何施肥

既然农作物减产的原因是由于土地连年耕作所导致的"地气"损失，那么在古代农家看来哪些物质可以用作施肥以补充地力呢？根据余气相培理论，人食用土地里生长的作物后，"受饮食五味之质而化浊质为粪，轻气为小便"，[3] 它们自然是余气的最重要来源之一，那么显然也是肥田最重要的肥料来源，人类的粪便历来最受农人之珍视，早在殷代的甲骨卜辞中，就有数条记述利用粪便来肥田的卜辞，[4] 宋元以降，农民更是变得"惜粪如金"，大粪甚至被农民视作肥料中的"一等粪"；另外，"鸟兽牲畜之粪，及诸骨、蛤灰、毛羽、肤皮、蹄角等物，一切草木所酿，皆属余气相培，滋养禾苗。又如日晒火薰之土，煎炼土之膏油，结为肥浓之气，

---

[1]（清）杨屾著，郑世铎注：《知本提纲》，载王毓瑚辑：《秦晋农言》，北京：中华书局，1957年，第36页。

[2] 现代农史学界普遍认为杨屾的余气相培论是最早系统地对施肥的原理做出的系统阐释，其实早在明代，宋应星在其著作《论气》中就用不同的术语精确地表达了相同的观点。宋氏认为天地是由气和形组成的，气和形相互转化，人所食用的草木之实与禽兽之肉全都是气所化，这些气来保持人体的正常运行，随着呼吸等活动又于昼夜之间返还为气，这样似乎产生了矛盾，即还有一部分形即吃饭后排出的粪便渣滓似乎没有返还给气，所以宋氏反诘道："粪田之后，渣滓安在？"他认为粪便和草木灰等一样，在土壤中会合母气，又潜化为气，这部分气还能通过促进植物生长而化为植物的形。

[3]（清）卫杰著：《蚕桑萃编》卷2《桑政》，北京：中华书局，1956年，第37页。

[4] 胡厚宣：《殷代农作施肥说》，《历史研究》1955年第1期。

亦能培禾长旺，"①特别是房屋上多年的土，经过日晒雨淋后，"其力更大，以受日月之精多也"②，豆饼也是一种重要的肥料，因为豆饼是"油之余也，性滑，能化干燥，长物最易"③；此外，石灰也是一种很重要的粪田物质，使用在冷水田中"则土暖而苗易发"④。

既然把土地视作与人的机体一样具有气脉，那么对地力衰竭土地的施肥就如同给人的肌体疗病一样，早在宋代，农学家陈旉就提出了施肥如同开方治病一样的"粪药"理论，认为在施肥时，"皆相视其土之性类，以所宜粪而粪之，斯得其理矣。俚谚谓之粪药，以言用粪犹用药也"⑤，基于此种理念，施肥需要遵循几个原则：首先，施肥时要注意土壤内部阴、阳二气的平衡，虽然"生物之功，全在于阳"，通过施肥来"蓄阳"是保持地力之根本，但亦不能忽视补阴，倘若一味关注蓄阳而使得阴气不断减弱且不加济助，则农作物便"难以形坚"，马一龙遂把医学中"金元四大家"之一的朱震亨提出的滋阴理论用在农学施肥中，他在其农书中写道："天地之间，阳常有余，阴常不足，故医家补阴至论，后世本之，然扶阳抑阴，古圣之言，言不师古，子不以为妄乎？《易》曰：亢龙有悔，又曰：下济而光，以是见阳之精洗，由于不抑，阴之形脆者，由于无所济也"⑥，因此，他对一味只顾多施粪肥来补充土地的阳气却忽略养阴的"上农"进行批评，认为其在施肥时只顾粪多力勤，结果导致"其苗勃然兴之矣，其后徒有美颖而无实栗，俗名肥胴"的恶果，他评论道："此正不知抑损其过而精洗者耳"⑦。

早期中医学经典《黄帝内经·素问》认为治病总的宗旨与准则是根据

---

① （清）杨屾著，郑世铎注：《知本提纲》，载王毓瑚辑：《秦晋农言》，北京：中华书局，1957 年，第 36 页。

② （明）耿荫楼撰：《国脉民天》，载王毓瑚辑：《区种十种》，北京：财政经济出版社，1955 年，第 13 页。

③ （清）卫杰著：《蚕桑萃编》卷 2《桑政》，北京：中华书局，1956 年，第 37 页。

④ （元）王祯著，王毓瑚校：《王祯农书》，北京：农业出版社，1981 年，第 37 页。

⑤ （宋）陈旉著，万国鼎校注：《陈旉农书校注》，北京：农业出版社，1965 年，第 34 页。

⑥ （明）马一龙：《农说》，北京：中华书局，1985 年，第 5 页。

⑦ （明）马一龙：《农说》，北京：中华书局，1985 年，第 5 页。

"寒者热之，热者寒之，温者清之，清者温之，散者收之，抑者散之，燥者润之，急者缓之，坚者软之，脆者坚之，衰者补之，强者泻之"来辨证地施药，以达到体内各种"气"的平衡，[1]《神农本草经》中记载中药有寒、热、温、凉四气，所以历代医家主张用相应的药物来治疗与之相反症状之疾病，如用寒凉药物来疗热疾，用温补的药物来驱寒，在农学中也有类似的原则，《吕氏春秋·任地》说耕作的主要原则就是："力者欲柔，柔者欲力。息者欲劳，劳者欲息。棘者欲肥，肥者欲棘。急者欲缓，缓者欲急。湿者欲燥，燥者欲湿"[2]，在后代，医学中这种方法也被吸纳到施肥的理论中，明代医学世家出身的士人袁黄就曾根据此原则来阐述施肥的理论，对医药方剂学与农学施肥法进行了沟通与融合，他对《周礼·地官·草人》中建议的"凡粪种：骍刚用牛，赤缇用羊，坟壤用麋，渴泽用鹿，咸泻用貆，勃壤用狐，埴垆用豕，强㯺用蕡，轻㬊用犬"的施肥法进行解读，认为虽然由于时代久远使其不能知晓《周礼》成书时彼时各地的土性，在明代时也没有了麋、鹿、貆、狐等动物的粪便可用来肥田，但通过认真钻研《周礼》中记载的施肥方法，还是可以猜测到古人用粪之涵义。他阐释道：

> 骍刚者，色赤而性刚也。赤缇者，色赤而性如缇，谓薄也。《说卦》："坤为牛，兑为羊。"牛性前顺，羊性前逆。牛属土，其粪和缓，故用化刚土；羊属金，其粪燥密，故治薄土。坟谓土脉坟起而柔解也。渴泽谓水去而泽干也。坟壤属阳，渴泽属阴。《月令》："夏至鹿角解，冬至麋角解"。鹿至阳，故遇阴生而角解；麋至阴，故遇阳生而角解。今以麋矢化阳土，以鹿矢化阴土。泻，卤也。勃壤，粉解也。咸卤之地常湿，粉解之地常干。貆、貉属。貆好睡，狐好疑。《诗》有"悬貆"，盖贪残之物；狐阴媚之物。贪残者其气在外，故以化湿土。阴媚者其气在内，故以化干土。埴垆，黏黑也。轻㬊，轻脆也。《埤雅》云："犬

---

① （唐）王冰撰注，鲁兆麟主校，王凤英参校：《黄帝内经素问》卷22，沈阳：辽宁科学技术出版社，1997年，第150页。

② 冀昀主编：《吕氏春秋》，北京：线装书局，2007年，第649页。

喜雪，豕喜雨。"犬属火，其性轻佻，故以化黏土。豕属坎，其性负涂，故以化脆土。此可以想古人变化之义矣。得其意而推之，则随土用粪，各有攸当也。[1]

在当时的农业生产实践中，农学家都把此理论作为施肥的指导性原则，比袁黄稍晚时代的徐光启在论述木棉的种植之时，就极力主张用生泥来壅田，据他称可以达到亩收数倍的效果，他解释道这是因为"生泥中具有水土草秽，和合淳熟，其水土能制草秽之热，草秽能调水土之寒，故良农重之，有国老之称矣"[2]，把肥性温和的河泥比作能调和众毒的中药材甘草；有的学者主张用牲畜的粪便作为肥料来暖田，因为"马牛驼羊之粪性暖，以之粪北方寒土，合宜之至"，农学家对各种牲畜粪便的冷热性进行严格的区分，认为"牛粪性质寒冷，俗谓之冷粪，不如马粪之易于发酵……故只宜择轻松温暖之田圃施放"[3]，这都是辩证施肥的体现。此外，如同医家对中草药药材进行炮制那样，农人还对粪肥进行腐熟发酵处理，以减少其危害性，针对人粪虽肥沃但性热，多用会灼伤庄稼的缺点，农学家建议"法用灰土相合，盦热方熟，粪田无损"[4]；针对牛粪性冷不能用在冷田地的缺点，农学家建议把它与热性的人粪一起制作堆肥，或与马粪干鳎鲱粕之类同用来中和其冷寒之气，那么便可以施用在寒瘠的田地之中了。[5]

医学"金元四大家"之一的李东垣认为既然人藉水谷之气而生存，那么人体中储存与消化水谷之气的胃便是人体最重要的器官，所以他提出

---

[1] （明）袁黄:《宝坻劝农书》，载郑守森等校注:《宝坻劝农书·渠阳水利·山居琐言》，北京：中国农业出版社，2000年，第26页。

[2] 朱维铮、李天纲主编:《徐光启全集（五）》，上海：上海古籍出版社，2010年，第417页。

[3] （清）杨巩辑:《中外农学合编》卷5《肥料》，光绪三十四年（1908年）刻本，第5a页。

[4] （清）杨屾著，郑世铎注:《知本提纲》，载王毓瑚辑:《秦晋农言》，北京：中华书局，1957年，第38页。

[5] （清）杨巩辑:《中外农学合编》卷5《肥料》，光绪三十四年（1908年）刻本，第5a页。

"人以胃气为本"①的学术理念，认为百病得以滋生的原因就是脾胃受到损伤，他进而倡导补胃，即从导致健康紊乱的根源上进行滋补，并称其为"滋化源"。马一龙借用了"滋化源"这一医学术语来说明施肥方法，强调在种植庄稼之前就要先施底肥，以滋源固本，从根本上保证地力的肥壮。他阐述道：

> 犹有不待其衰，未禾而先沃之白块之间者，此《素问》所谓滋化源之意耳，滋其衰者过滋，或至于不能胜而病矣，滋源则无是也，固本者，要令其根深入土中，法在禾苗初旺之时，断去浮面丝根，略燥根下土皮，俾顶根直生向下，则根深而气壮，可以任其土力之发生实颖实粟矣。②

在马一龙撰写这段话的时代，江南地区的农业中业已出现了在大田中使用追肥的现象，江南人们把它称为"接力"，以补充基肥的不足，为植物的后续生长继续提供所需要的养分。但当时的农学家还是赞成在未播种之前先施"垫底"即基肥来滋化源的方法，如袁黄认为"垫底之粪在土下，根得之而愈深；接力之粪在土上，根见之而反上。故善稼者皆于耕时下粪，种后不复下也。大都用粪者，要使化土，不徒滋苗。化土则用粪于先，而使瘠者以肥，滋苗则用粪于后，徒使苗枝畅茂而实不繁。故粪田最宜斟酌得宜为善"③，稍晚的杨屾也提出几个新概念来论述种庄稼时先施基肥来滋源的好处，他认为早布粪壤可以使粪气在田地里得到滋化，这样粪气就能与土气所相合，给农作物的生长提供一个"胎肥"的摇篮，在这种情况下来下种生苗，那么农作物的主根即"祖气"就自然盛强，而且能根深干劲，达到籽粒倍收之效果，如果在薄田上不先用粪培壅就直接下种，那么胎元不肥，祖气未培，这样即使在作物的生长过程中再添加浮粪

---

① （金）李杲撰，彭建中点校：《脾胃论》，沈阳：辽宁科学技术出版社，1997年，第11页。

② （明）马一龙：《农说》，北京：中华书局，1985年，第7页。

③ （明）袁黄：《宝坻劝农书》，载郑守森等校注：《宝坻劝农书·渠阳水利·山居琐言》，北京：中国农业出版社，2000年，第28页。

来作为追肥，但最终结果也只能是徒长空叶，于作物子粒收成没有半分益处。[①]

迨至清代，古人已经根据中医学与农学实践建构了一套完整的施肥理论，这集中体现在杨屾所提出的施肥"三宜"原则中，即施肥有"时宜、土宜、物宜"的准则，时宜就是根据季节的寒热不同来施用相应的肥料，春天宜施用人粪与牲畜粪便等粪肥，夏季宜用草粪、泥粪与苗粪，秋天适合使用暖土的火粪，冬季宜用骨蛤粪与皮毛粪等来祛除土地的寒气。土宜就是指各种类型的田地、土壤由于气派不一、美恶不同，所以要如同中医学中的"对症下药"那样，对不同的土地辩证地施用不同种类的肥料：阴湿的田地适宜用火粪；黄壤则宜用渣粪；沙土宜用草粪与泥粪；水田宜用毛皮蹄角及骨蛤粪；高燥之处的田地宜用猪粪来壅；盐碱地则不宜用粪，因为用粪后会导致其田多成白晕，庄稼也不能正常生长。物宜即是根据种植作物种类的物性不同来使用肥料：稻田宜使用骨蛤蹄角粪与皮毛粪之类；麦田与粟田宜用黑豆粪和苗粪；蔬菜瓜果等园圃田适合用大粪与榨油剩下的油渣饼肥来大力培壅。[②]

三、粪气如何运行

既然农学家们普遍认为地力的衰竭是由于"地气"减少所致，施肥的目的是借助粪的"粪气"来达到补充"地气"的效果，以提高农作物的收成产量，那么在古代农家者流的观念里，被施用在土壤中粪肥的"粪气"是如何运行的？它们如何达到补充地力效果以及如何把肥效传输到植物体中？宋应星在撰写《天工开物》的时候就把粪肥发挥作用的机理猜测为一种类似气体挥发的过程，他认为："田有粪肥，土脉发烧……亩土肥泽连

---

① （清）杨屾著，郑世铎注：《知本提纲》，载王毓瑚辑：《秦晋农言》，北京：中华书局，1957年，第40-41页。
② （清）杨屾著，郑世铎注：《知本提纲》，载王毓瑚辑：《秦晋农言》，北京：中华书局，1957年，第40页。

发"①，但对粪气具体的挥发方式，他却并没有多加论述，后来的关注农学的知识分子对此亦仅有只言片语的论述，下面笔者将对撰写农书的士人群体对粪气零散的叙述进行综合与归纳，希望从中窥见他们所理解的粪气发挥作用的形式。

农学家们普遍认为施肥之后粪的效力是藉由"粪气"来发挥的，不同种类的肥料虽然在肥田的功效上各不相同，但实质上它们所散发出的粪气都属同种类型的，其不同之处仅体现在大、小、强、弱的程度上而已，粪气是一种极易挥发的物质，在常态环境下或经过风吹日晒，就会慢慢挥发掉，陈旉就认为"粪露星月，亦不肥矣"②，特别是不能经过雨水的冲刷，农学家谆谆告诫农民："不可经雨湿走，散其壮猛之气"③，因而施粪后必须用土盖结实，才能保证粪气不会泄露，如在给桑树施肥之时，农学家建议的施肥方法是"掘开树脚四面土方浇，俟粪浸入，又必用土盖好，使肥气不走"④，如果旱施用粪之时只是把粪肥抛在地面上而未用土来掩盖，那么就会导致"粪气泄而不聚"⑤，从而无益于桑树的生长，用土掩盖住粪肥，这样粪气才能够下沉而作用到植物机体中，古人在给桑树施肥时，也会在离桑尺许的土地上挖两尺阔半尺的深潭，把粪肥施在潭内，然后缓缓用泥盖住深潭，因为这样做才会"使其气下降，根乃日深"⑥。

虽然古代的医家们认为粪力可以不受物体的阻碍而超距发挥其效力，甚至有时能达到"粪力透石"的情况⑦，但在农学家的眼中，粪力却并不是随处可到的，粪气的运行与发挥还要凭借着水气，清人陈开沚在论述桑

① （明）宋应星著，潘吉星译注：《天工开物译注》，上海：上海古籍出版社，2016年，第14—15页。

② （宋）陈旉著，万国鼎校注：《陈旉农书校注》，北京：农业出版社，1965年，第34页。

③ （清）孙宅揆撰：《教稼书》，载王毓瑚辑：《区种十种》，北京：财政经济出版社，1955年，第52页。

④ （清）陈开沚述：《裨农最要》卷2，北京：中华书局，1956年，第25页。

⑤ （清）卫杰著：《蚕桑萃编》卷2《桑政》，北京：中华书局，1956年，第38页。

⑥ （清）汪曰桢撰：《湖蚕述》卷1，北京：中华书局，1956年，第18页。

⑦ （清）赵学敏著，闫冰等校注：《本草纲目拾遗》，北京：中国中医药出版社，1998年，第376页。

树浇粪的时候说，施肥要把水与粪混合来浇桑，因为"水气所到之处，即粪力所到之处"①，经由水气或湿气，粪气被植物根部所吸收，然后通过根传递到植物的干或茎部，最后上行到枝叶或瓜果，就完成了对整个植物体的营养补给。基于这种思想，在对给桑树施肥的问题上，尽管农学家们普遍认为桑树需要勤加培壅，但他们认为在蚕正食桑叶的时候却要切记千万莫要给桑树浇粪施肥，否则施肥后，粪气会从桑树根部上行至桑叶，导致"蚕食之即中粪毒便坏"的严重后果。②

根据古代学者的粪气理论，植物的根、茎、叶甚至果实的不同部分所得到粪力之多少是不一样的，清人赵学敏在其《本草纲目拾遗》中介绍了一种名为"粪金子"的药材，他认为在收油白菜的子粒打算留种之时，其中心的老根内必有一子，枯时摇之有声，剖开取出即是粪金子，因为这部分得到的粪力与油白菜其他部分相比最为多，所以粪金子能益人，是一味极好的中药材。③

四、士人施肥理论的意义及其缺陷

葛兆光认为，过去的思想史研究只是思想家的思想史或经典的思想史，即它们只关注思想史上的天才人物及其所撰的经典著作，只重视这些溢出于常识之外的思想史的"非连续性"环节，却忽视了芸芸众生这种作为底色或基石而存在的"一种近乎平均值的知识、思想与信仰"④，而一般性的知识、思想与信仰甚至比精英的思想更具有研究的价值，但在中国古代农学思想史的研究中，情况却恰好与之相反，农民的农学实践更多的受到学者们的关注，而农学家或撰写农业手册的士人的思想与革新却容易被

① （清）陈开沚述：《禅农最要》卷2，北京：中华书局，1956年，第25页。
② （清）陈开沚述：《禅农最要》卷2，北京：中华书局，1956年，第25页。
③ （清）赵学敏著，闫冰等校注：《本草纲目拾遗》，北京：中国中医药出版社，1998年，第351页。
④ 葛兆光：《中国思想史：导论思想史的写法》，上海：复旦大学出版社，2013年，第11页。

忽略，但农民基于实用的原则，其对农学的贡献仅仅是基于技术性或经验性层面上的，在对农学原理的阐述上却并无丝毫热情，只在乎借助工具来改造客观世界，而士人与知识阶层却基于自己所受的教育理念，担负起对各种农学现象进行了尝试性解释与说明的义务，试图来认识世界与解释客观对象，因而研究有知识的士人或农学家的思想恰好是理解古代农学思想史之精髓的一枚钥匙。

"阴阳""五行""气"等概念是中国古代哲学中的基本概念与基石。传统时代人类在面对各种纷繁复杂的自然现象而处在一种"知其然不知其所以然"的尴尬情景之时，各种学科都普遍援引它们来说明与阐述本领域的理论问题，在农学中情况亦是如此，早期涉及农业的月令类古籍，在先秦时期就同阴阳家有很深的渊源，大约在秦汉以后被儒家纳入儒家经典，其中关于传统农业哲学方面的论述相当丰富，气论是其重要的组成部分①，唐宋以降，随着中医学与哲学近乎完美的结合，中医学在理论方面达到登峰造极之态并成为各学科的翘楚，也被用在解释其他学科领域中的各种问题。在这种背景下，以陈旉为代表的农家者流开始尝试用医学的视角来解释农学领域里的问题，把阴阳、五行、气化、中医药剂学等理论统合起来，对农学的各个方面开始进行理论上的阐述与概括，在施肥问题上，对土壤肥力下降的原因，粪肥之所以能恢复地力的缘由，各种肥料起作用的机制，各种施肥的原则以及粪气在田地、植物体中的运行方式都进行了原理性的阐述，认真分析这些理论对研究"本土科学"思想的形成以及更好理解古人的思想都有所裨益。

但"气"在概念上的模糊性与阴阳、五行的相生相克理论，也给农学理论中的任意发挥与矛盾的存在提供了充足的空间，导致士人可以根据自己的见解和猜测任意地建构理论，其中亦不乏矛盾之处。虽然士人在长时间的农业实践中普遍认识到生粪不能不先经过积制、腐熟等处理过程而骤然多用，因为会造成"瓮腐芽叶，又损人脚手"的可怕后果②，但在对

① 赵敏著：《中国古代农学思想考论》，北京：中国农业科学技术出版社，2013年，第55页。
② （宋）陈旉著，万国鼎校注：《陈旉农书校注》，北京：农业出版社，1965年，第45页。

其原理的解释上却出现了两种截然相反的看法，虽然大多数学者包括陈旉、王祯、徐光启都认为大粪性热是其不能多施之原因，如徐光启在论述木棉施肥的时候就认为木棉用粪每亩不能过十石，因为粪性太热，[①] 但在笔者最近新发现的乾隆年间拙政老人所著的综合性农书《劝农说》在论述区田施肥法的时候说，每区只能用熟粪一升和土，不能多用，如果多用也只能熬过之后再使用，他根据《本草纲目》中对人粪便"气味苦、寒、无毒，主治时行大热狂走"[②] 的记载，断定熬大粪的理由为"粪性极寒，熬过去其寒性，更易助苗长大"[③]。甚至在对同一种肥料效力的阐述上，也存在相悖的见解，在清代的《治农秘术》中，撰者告诫阅读他著作的读者，"凡粪皆宜田。惟忌鸡粪，一粪即尽地力，丰收无继，"[④] 但农学家杨巩却对此有不同的见解，他大力称赞鸡粪肥田的功效，认为"鸡粪，肥力甚强，远胜兽粪，若多得独用，无论何种植物皆能畅茂，"还号召"农家多留意于此"。[⑤] 这种允许矛盾的存在、理论不自洽的问题在中国古代科技中经常存在，对于解释遇到的矛盾时，士人们不去反思自己的错误，以寻找一致性的普遍真理，而是企图通过篡改前人共同认定的前提来求得去理论可以容纳更多的现象，如杨屾在《知本提纲》的凡例中就说"此书有五行之说，与古人五行之说名同而实异。古人言五行，原以金木水火土，为民生日用之需；此书言五行，则以天地水火气，为生人造物之材"[⑥]，这与近代西方科学追求理论一致性的精神是不同的，或许也可以被视作土壤肥料学说在中国未被正确发现的原因之一。

---

① 朱维铮，李天纲主编：《徐光启全集》第七册，上海：上海古籍出版社，2010年，第751页。

② （明）李时珍著，张志斌等校注：《本草纲目校注》，沈阳：辽海出版社，2001年，第1711页。

③ （清）拙政老人：《劝农说》，南京农业大学农史室藏咸丰丁巳年（1857年）刻本，第4页。

④ （清）佚名撰，肖克之校注：《治农秘术》，北京：中国农业出版社，2011年，第11页。

⑤ （清）杨巩编：《农学合编》，北京：中华书局，1956年，第124页。

⑥ 转引自郭文韬：《中国传统农业思想研究》，北京：中国农业科技出版社，2001年，第151页。

　　《中国科学技术史（农学卷）》在评价余气相培时说："不仅以物质循环的原理，来解释施用肥料的内在机制。而更可贵的是这一思想实际上已接近于近代科学的营养元素概念，它虽已几乎可呼之欲出，但终因缺乏化学元素知识和必要的分析手段，无从确切加以表达而已"[1]。其实，这样的看法是错误的，古代士人们利用的分析工具是"气""阴阳""五行"等哲学概念，虽然在原理表达上与近代的科学施肥理论有着相似的外衣，但其内核则有着本质之不同。当面对植物的养分从何而来这个问题时，欧洲的知识阶层自始至终都在试图寻找一种物质的、而非抽象的东西来解释植物生长的奥秘，早在古希腊时期，米利都的泰勒斯（Thales）就认为水是植物营养的来源。1642年，比利时科学家海尔蒙特（Helmont）进行了科学史上著名的柳树实验，他将柳树苗种于花盆内，此后的5年里只给柳树浇水，最后称量柳树增加的重量，得出结论认为植物生长的奥秘来源于水。1650年，德国化学家格劳伯（Glauber）从厩土中检得硝石，认为硝石是植物生长的必需元素。18世纪初，医师却罗卑（Kulbel）在重复海尔蒙特的柳树实验时，发现土壤减少60克的这一事实，推测这是植物吸收的土壤中矿物质的缘故。19世纪初，泰伊尔（Thaer）在其《农业原理》一书中认为植物所吸收的养料来自于土壤中的腐殖质。[2]1840年，德国化学家李比希否认了泰伊尔的腐殖质理论，认为空气中的氮素化合物才是植物氮素的来源，李比希认为肥料中所含的矿物养料是收获丰歉的重要因素，他进而提倡科学施肥，开辟了土壤肥料学史的崭新篇章。[3]李比希坚信科学与农学实践是紧密联系的，在其名著《化学在农业和生理学上的应用》中，他数次谈到中国农民的施肥技术，认为中国农民把人粪尿当作土壤的汁液、用人粪作粪干、将来源于动植物的各种物质来沤制肥料、用厩肥处理种子、制作堆肥、种植绿肥的各种肥料实践是卓有成效的，这些努力使得"使国家长期保存土壤肥力，并不断提高土壤的生产力以满足人口增长

---

① 董恺忱，范楚玉主编：《中国科学技术史（农学卷）》，北京：科学出版社，2000年，第713页。

② Hans Meidner 著，郭华仁译：《实验植物学的历史素描（一）》，《科学农业》1986，34（9/10），第248—250页。

③ 邓植仪：《土壤学史略》，《农林季刊》1923年第1期。

的需要"①。颇为吊诡的是，中国士人的施肥理论大多是来自士人根据自身的哲学思想所做的归纳与推测，他们甚少关注农民的施肥实践并从中检视其理论，而李比希却利用中国农民的施肥实践为他的科学施肥理论作为补充证据，这真是楚才晋用的一个典型，也是近代之前中西方科学发展的一个缩影。

---

① ［德］李比希：《化学在农业和生理学上的应用》北京：农业出版社，1983年，第43页、第218-220页。

第三章

惜粪如金：农人对肥料的珍视与搜集

在中国人口稠密和千百年来耕种的地带，一直到现在未呈现土地疲敝的现象，这要归功于他们的农民细心施肥这一点。丝毫没有疑义，在中国农民除了在自己的家园中极小心地收集一切废料残渣，并收买城市中的肥料，又不辞劳苦去收集使用一切发臭的资料，在一千年和一千年以前，他们的先人已经知道这些东西具有肥料的力量。

—— [德] 瓦格勒《中国农书》

珀金斯在《中国农业的发展（1368—1968 年）》一书中，根据农业用肥种类的不同，把日本肥料史划分为三个阶段：第一阶段的标志是农民使用野草或搜集的其他含有肥效的物质来肥田；在德川时期（1603—1867年），农民开始转向以鱼干、豆饼为主的各种商品肥料的使用上，这是日本肥料史的第二阶段；第三个阶段发生在 20 世纪初，彼时日本国内的工厂开始生产化学肥料，并迅速在农业生产中得到广泛的应用。虽然中国用肥的历史也大致经历了类似的三个阶段，但珀金斯认为中国肥料史分期的时间节点与日本有着很大的不同，迟至 20 世纪 60 年代，中国的农业施肥实际上也并没有真正进入以使用化肥为主要标志的施肥第三阶段，而是长期徘徊于从第一阶段到第二阶段的过渡时期。[①]且由于豆饼等油粕类商品性肥料售价高昂，导致商品性肥料的施用范围并不普遍，仅仅某些农业生产发达的地区或某些资本丰厚的农民才能用得起商品肥料，所以日本肥料史上第二阶段的转变在中国传统时代表现得也不甚明显，绝大多数农民依然通过各种途径来收集一切可用作肥料的物质来粪田。河泥、人粪尿、牲畜粪便、草木灰、垃圾、野草、旧墙基、淘米水、人畜毛发、炕土等任何含有肥效的物质都被视若珍宝，这使得中国传统时代的肥料供给长期依赖于农民通过各种途径对肥料的积攒与收集。所以可以说，在从殷商时代农人开始知晓利用粪便、草木灰来肥田开始，直到中华人民共和国成立初期这段漫长的时间内，中国农业主流的肥料供给长期处于珀金斯描述的肥料史的第一阶段，即通过搜集、积攒来获得肥料，虽然这种通过积攒、收集获取的肥料存在肥效很低，并且需要大量的劳动力在农忙时节来收集的诸多缺点，但通过各种途径来收集肥料依然是中国肥料史中最重要的特色。

　　虽然中国肥料史长期徘徊于以农户自行积攒、搜集肥料为主要特征的初级阶段，但并不能说在这段漫长时期中农民对肥料的获取方式是一幅完全没有变化的、停滞的画面，从宋代开始，伴随着人口激增与土地—人口比率的降低，居住在乡村的人们从打猎、捕鱼、采集、砍樵等公共资源中获取生计的几率变得愈来愈小，不得不投身于且愈加依赖于农业，而伴随着适农的土地逐渐被开发殆尽，农民便从单纯依靠耕地量的增长转变到注重现有耕地质量的提高上，努力地提高农业生产率，以期从有限的土地上获取更多可以过活的资源，政府与官员也不遗余力地推广各种先进农业技术，这些转变使农业生产在各个方面上都显示出与以往不同的图景，农业生产领域的这种变化被学者们称为中国的"中世纪农业革命"[②]或"绿色革命"[③]，学界普遍认同出现在肥料领域的革新是这场始于宋代的"农业革

---

① ［美］珀金斯著，宋海文等译：《中国农业的发展（1368—1968年）》，上海：上海译文出版社，1984年，第89—90页。

② ［英］Mark Elvin, The Pattern of the Chinese Past, Stanford University Press, 1973, pp113–130.

③ ［英］Joseph Needham, Science and Civilisation in China, Volume 6, Part Ⅱ Agriculture, by Francesca Bray, Cambridge University Press, 1984, pp 597–615.

命"得以发生的主要原因之一，但继往的研究往往集中在施肥或施肥理论的环节，认为宋代肥料技术的成就集中体现在"地力常新壮"论的提出、肥料积制、保存技术的进步以及施肥技术的提高上，鲜有学者把研究触角延伸到肥料搜集和获取的环节中。在传统时代，肥料搜集是农家一件极为重要的农事安排，尤其宋代以降，伴随着农业的发展，自家积攒的粪肥在数量上已远远满足不了田地对肥料的需求，甚至某些地区从宋代开始就出现了"三十年前禾一穗若干粒，今减十分之三"[1]这种土壤肥力递减的现象，所以农书或地方志的编纂者们都在著作中反复强调肥料获取对农业生产的极端重要性，鼓励农民要"惜粪如金"，并且能随时"诸处搬运积粪，月日既久，积少成多，"[2]"惜粪如金"在各种场合屡被提及以致作为传统社会中一句甚为流行的格言而被记录在供给社会上普通人阅读的日用通书之中，清洗收粪或施肥时被粪污染的粪汙衣的方法也成为一项百姓居家必用的日用知识。[3]虽然农书的撰写者们对肥料收集极为重视，但在其著作中却鲜有篇幅论述如何积粪壤，或许他们认为积攒肥料的关键在于勤劳，并不需要特别的技术来做指导，所以根本不值得花费笔墨来描述，这是属于农民自己的致力范围。这种观点同样被现今从事中国农业技术史研究的学者所继承，他们也不屑将此类简单到人人都能掌握的搜集肥料之"技术"列入技术史的研究范畴，而研究经济史的学者往往把历史上农民对肥料的收集过程简单用"资本"一词来概括，忽略掉其中所包含的劳动投入与技术的施用。白馥兰以人类学为进路所进行的技术史研究把人们的视野吸引到对这种琐碎、微不足道的日常技术的关注上来。[4]本章中，我将采取白馥兰对技术一词的广义性阐述，将对肥料的搜集视作一项技术，以对从宋代开始在施肥中起主要作用的河泥、大粪等主要肥料种类的收集为

---

① （宋）吴怿撰，（元）张福补遗，胡道静校录：《种艺必用》，北京：农业出版社，1963年，第17页。

② （元）王祯著，王毓瑚校：《王祯农书》，北京：农业出版社，1981年，第38页。

③ （明）邝璠著，石声汉、康成校注：《便民图纂》，北京：农业出版社，1959年，第139、242页。

④ ［美］白馥兰著，江湄、邓京力译：《技术与性别：晚期帝制中国的权力经纬》，南京：江苏人民出版社，2010年，第1-37页。

例，分析肥料搜集技术如何从家庭中某些成员发展到全体成员共同参与，如何从生产领域延伸到生活领域，以及怎样从农村社会扩展至整个社会的复杂过程。

一、罱河泥：宋代以降日常技术之场景

中国人很早就知道河水中淤泥具有肥田功能，因为他们发现在河流决堤的次年，岸边被淤泥覆盖的田地中所种植的作物会获得格外好的收成，早至西汉，百姓就对用含泥沙很多且浑浊的泾河水来灌田的白渠有"泾水一石，其泥数斗。且溉且粪，长我禾黍"[1]的溢美之词。但这种利用河水的溢出、漫灌获取土壤肥力的方法，在技术上并不容易被掌握，操作稍有不当便会造成决堤淹没周围农田的恐怖后果，多用于北方的某些沿河地区，在广大的非沿河分布的农田来说，却不能享受到此种灌溉淤肥之利。古人有意识地通过捞取河泥来当做肥料的行为，始自五代吴越所设置的撩浅军，撩浅军的主要职责是疏浚河道、塘浦等水网来维持水利灌溉和船舶的顺利通航，在疏浚河道的过程中挖出大量的河底淤泥，慢慢开始被施用到农田中当做肥料。河泥含有大量腐烂的有机物质，肥效持续时间也比较长，并有改良土壤的作用，所以河泥作为一项肥料逐渐在吴中得到普及。最初河泥仅被用在果树和桑树的施肥中，宋代韩彦直在论述橘子施肥时就提及"冬月以河泥壅其根"[2]，除了施肥的功效外，还能顺便补充因风吹雨淋而损失的土壤，后来河泥便被广泛用到稻田施肥中，《农桑辑要》在论述水田施肥的肥料时就说"壅稻田，或河泥，或麻、豆饼，或灰粪"[3]，后来河泥又被用于培壅蔬菜，《补农书》记载："秀水北区，常于八九月罱泥

---

① （东汉）班固著：《汉书》卷29《沟洫志》，北京：中华书局，1962年，第1685页。

② （宋）韩彦直撰：《橘录》，北京：中华书局，1985年，第11页。

③ 马宗申校注：《授时通考校注 第2册》卷35《功作》，北京：农业出版社，1992年，第263页。

壅田中菜"①。随着其施用作物的广泛性，河泥在肥料中的地位也日趋重要起来，宋代农学家陈旉在其著作的肥料部分根本未提及河泥，而在成书元代的《农桑辑要》与《王祯农书》中都对河泥肥料有所提及，王祯甚至把泥粪提升到与火粪、苗粪、草粪等主要肥料种类相类似的地位，认为河泥若能与大粪拌用，肥效比普通肥料要高②，迨至明代，邝璠便把河泥的重要性提升到与豆饼相类似的地位，在《下壅》的竹枝词中，他写道："稻禾全靠粪浇根，豆饼河泥下得匀"③，明代以后，河泥与绿肥、粪肥、饼肥等4种肥料被称为江南四大主要的肥料种类，④ 在清代，东南各省种地时，"冬春必罱河泥两次，以粪田亩"⑤，已近乎成为定制，罱河泥逐渐成为江南水乡最重要的农事安排之一，明代湖州经营性地主沈氏便把罱泥列为第一要紧事，在其撰写的12个月的农事安排列表中，除了四、六、七这3个月因忙于养蚕、收麦、油菜、水田整地插秧、耘田等事宜而无法抽身，在一年中其他9个月的农事安排中都有罱泥工作（表3–1），可见其日常化。罱泥在日常生活中的普遍性与重要性在诗歌等文学体裁作品中也被反映出来，文人墨客在水乡的日常生活中时常会看到罱泥的农人与小舟，清人周京就撰有"罱泥放鸭小船忙，颇爱长年住水乡"⑥的诗句；浙江嘉兴的诗人钱陈群有"雨后乌犍带犊犁，双双蚱蜢罱河泥"⑦的佳句，生动地描述出农民在雨后忙着耕田与罱泥的田园场景。

---

① （清）张履祥辑补，陈恒力校释，王达参校、增订:《补农书校释》，北京：农业出版社，1983年，第114页。

② （元）王祯著，王毓瑚校:《王祯农书》，北京：农业出版社，1981年，第37页。

③ （明）邝璠著，石声汉、康成校注:《便民图纂》，北京：农业出版社，1959年，第6页。

④ 李伯重:《发展与制约——明清江南生产力研究》，台北：联经出版事业股份有限公司，2002年，第292页。

⑤ （清）沈梦兰:《五省沟洫图说》，北京：农业出版社，1963年，第9页。

⑥ （清）周京:《无悔斋集》卷11《古今体诗六十五首》，清乾隆间刻本，第10a页。

⑦ （清）钱陈群:《香树斋诗续集》卷35，清乾隆刻本，第27b页。

表 3-1　《沈氏农书》"逐月事宜"中涉及罱泥的农事安排

月份	一	二	三	五	八	九	十	十一	十二
天晴	罱泥	罱泥	罱泥		挑河泥 罱泥	罱泥		罱泥	罱泥
阴雨	罱泥 罱田泥	罱泥 罱田泥	罱田泥	挑草泥	罱地梗泥	罱泥	罱泥	罱泥	罱泥

罱河泥要依靠手臂和腰背的力量来操作，是一项具有一定技术含量的农活，并不是每个人都能胜任，可以说仅仅是成年男劳动力的专利。[1] 在对昆山民间文化进行人类学调研的过程中，学者们发现罱泥是当地衡量农村男人能力的一项重要标准，是一项技术与力气兼备的农活，会罱泥是当地男子在村中可以炫耀的资本，这些人往往在村中走路带风，说话粗声，以此来彰显其拥有罱泥技术的优越感。[2] 关于罱河泥的具体技术过程，元代农学家王祯描述有过简短的描述："江南田家，河港内乘船，以竹为稔，挟取青泥，锹拨上岸，凝定裁成块子，担开用之。"[3] 嘉兴籍诗人钱载的《罱泥》一诗较完整地刻画出整个罱泥的技术过程："昨夜看天色，共说今朝晴。我船篷已卸，虽雨担罱行。两竹手分握，力与河底争。曲腰箝且拔，泥草无声并。罱如蚬壳闭，张吐船随盈。小休柳阴饭，烟气船梢横。吴田要培壅，赖此粪可成。杨园补农书，先事宜清明"[4]。根据各种相关文献的记载，可把当时的罱泥技术过程复原如下：成年男劳动力利用晴天、阴雨天划船到河、湖或溇中来罱泥，罱泥一般需要 1~3 人，罱泥的小船在形制上一般比较小，吴景旭便说当地农民罱泥用的是艕子，即小船的意

---

① 清人王又曾《罱泥》诗中"双竿舞燕梢，两手礼鼠拱。纵远项背倾，拔深腰脚勇"几句形象地体现出罱河泥的艰辛。

② 赵红骑主编：《昆山民族民间文化精粹风俗卷 阿婆茶：衣食住行》，上海：上海人民出版社，2009 年，第 235 页。

③ （明）袁黄：《宝坻劝农书》，载郑守森等校注：《宝坻劝农书·渠阳水利·山居琐言》，北京：中国农业出版社，2000 年，第 27 页。

④ （清）钱载：《罱泥》，载（清）许瑶光修，吴仰贤撰：《嘉兴府志》卷 32，清光绪五年（1879 年）刊本，第 6a 页。

思，明代童冀对罱泥船的描述是："载泥船小水易入，船头踏船船尾立。"①
因为小巧轻便的船可以更加灵活的调转方向。罱泥用的夹子叫做罱蒲或
罱头，是用竹篾编成的如同畚箕状的两个对合的器具②，然后用两个丈余
长的竹竿作为柄，这样罱泥的人通过拉开或合上两支竹竿便可以操纵罱头
的开阖，罱泥之时，罱泥人将两根分开的罱杆插入河底的河泥中，然后两
只手缓缓将罱杆夹住，从水中将沉重的夹满河泥的夹子提到船上，松开夹
子，让河泥掉落在船舱中。捞出的河泥以黑臭者为上，因为它含有较多的
肥效，通潮水者要避免使用。③等船靠到岸边后，用锹或带有绳索的木桶
将罱好的河泥运送到岸上，晴天的时候直接把河泥罱在地上晒干即可，阴
天的时候要罱在埂地中，遇到雨天要罱在潭中，以防止被雨水冲走。等晒
干了就可以挑到地里当做单独肥料来使用。④也可以把河泥同大粪或杂草
搅拌在一起，这样施用在田地中肥效更大，王祯就认为河泥若"担去与大
粪和用，比常粪得力甚多"⑤，姜皋在《浦泖农咨》中认为，如果把河泥与
杂草搅和在一起发酵后，然后把这种混合的河泥肥料锄松敲碎散于田内，
会有较强的肥效，"可抵红花草之半。"⑥

　　罱泥是一份异常艰苦的农活，需要极大的体力消耗，根据陈恒力等人
1956年在嘉兴农村所做的调查，当地农民罱泥占整个劳动日支出的1/3
以上，劳动繁重而且持久。⑦罱泥对劳动力的需求有极高的门槛，需要有
力气的成年劳动力的参与，其他人不能承受如此的辛劳。罱泥劳动消耗如

---

① 《四库禁毁书丛刊》编纂委员会：《四库禁毁书丛刊 集部95》，北京：北京出
　　版社，1997年，第426页。
② 有些地区的罱蒲或罱头则是用细绳编成网状的两个对合器具。
③ （清）姜皋：《浦泖农咨》，顾廷龙主编：《续修四库全书》编纂委员会编：《续
　　修四库全书976子部·农家类》，上海：上海古籍出版社，2002年，第217页。
④ （清）张履祥辑补，陈恒力校释，王达参校、增订：《补农书校释》，北京：农
　　业出版社，1983年，第59页。
⑤ （元）王祯著，王毓瑚校：《王祯农书》，北京：农业出版社，1981年，第37页。
⑥ （清）姜皋：《浦泖农咨》，顾廷龙主编：《续修四库全书》编纂委员会编：《续
　　修四库全书976子部·农家类》，上海：上海古籍出版社，2002年，第217页。
⑦ （清）张履祥辑补，陈恒力校释，王达参校、增订：《补农书校释》，北京：农
　　业出版社，1983年，第60-61页。

此之大，以至于沈氏说罱泥来给农田施肥虽然好，但远不如挑稻田里的稻秆泥省力气，他甚至还建议直接在"乡居稻场及猪栏前空地，岁加新泥而刮面上浮土，以壅菜、盖麦"[1]，同时作为一名经营性地主，沈氏严肃地建议罱泥这种农活万万不可雇佣"搭头"（即半个劳力或辅助劳力），因为他们的体力不足以胜任这份工作。[2] 罱泥虽然是农家一项重要的农活，但它并不是在侵占劳动力用于正常田间的劳动时间的基础上来的，而是一项劳动力利用空闲的时间来进行的农事活动，在季节上，根据沈氏农书的记载，虽然除去农忙的三个月份之外，其他月份均有罱泥的日程，但罱泥活动在比较清闲的冬春季更为频繁，清代诗人许瑶光《种桑咏》中就有"新春事少罱河泥，轻舟载归覆河堤"的诗句；在天气上，一般晴天的时间都会用来进行耕田、耘田、灌溉、收刈等农活，在雨天无事干或雨后田间泥泞不能进行正常农事活动时，农民多利用此段时间来罱泥，沈氏谈及下雨之时的安排时说："若有船可以罱泥，定须开潭罱泥，消磨雨工。"[3] 清代诗人也有"看到斜风细雨后，冲波几双罱泥船"[4] 与"一溪小雨直如发，尖头艕子长竿揭"[5] 等描写雨天或雨后农民撑船罱泥的诗句。

二、拾粪：从部分参与到全家动员

动物粪便、杂草与垃圾等废弃物是传统农家肥料的重要来源，正如袁

① （清）张履祥辑补，陈恒力校释，王达参校、增订:《补农书校释》，北京：农业出版社，1983 年，第 114 页。

② （清）张履祥辑补，陈恒力校释，王达参校、增订:《补农书校释》，北京：农业出版社，1983 年，第 59 页。

③ （清）张履祥辑补，陈恒力校释，王达参校、增订:《补农书校释》，北京：农业出版社，1983 年，第 62 页。

④ （清）毕沅:《灵岩山人诗集》卷 4，清嘉庆思念经训堂刻本，第 14b 页。

⑤ 宁业高，桑传贤选编:《中国历代农业诗歌选》，北京：农业出版社，1988 年，第 484 页。

黄所说："凡治田者，腐薧、败叶、梧枝、朽根皆至宝也"①，这些看似无用之物，一旦被施入田中，便化为布、帛、菽、粟，历来受到农民的重视。在传统社会，除了圈养之外，还有许多散养在外的家畜与家禽，甚至在明清时期，猪在北方地区仍然多被散养，随便排泄在街道上，成为一种无主的肥源。另外，作为主要交通工具的马、驴和骡子在运输的途中或散养的鸡、鸭、犬等排泄在道路上的粪便也是一笔不小的财富，所以散落在街道上的牲畜粪便和其他有肥效的垃圾就成为缺少肥料的农人所争取的对象，拾粪也成了农人积攒肥料的重要途径之一。中国人在拾粪方面的积极程度让在中国游历的外国人感到不可思议。1909年，来华考察的美国农业部土壤研究所所长富兰克林·金（Franklin Hiram King）惊诧地在他的游历报告中写到："中国人总是沿着乡间小路或者公路收寻动物的粪便，当我们走在城市的大街上时，也经常看到有人迅速将地上的粪便捡起，然后将它小心地埋在地下，尽量避免因为透水以及发酵而造成的养分损失。"②

在追溯早期拾粪历史的时候，现今国内各地方的博物馆和整理耕织图的学者都倾向于把汉代画像砖中人在马后面清扫排泄物的图像称为拾粪（图3-1），好像当时农人就已懂得费尽心思从各处来收集畜肥来肥田，其实则不然。此类图像真正传达的信息应是饲养者在马圈中清扫粪便，以清洁环境，防止因环境不洁引起牲畜生病。再进一步来说，即使清扫的目的是把牲畜粪便用来肥田，那么这只是在牲畜圈内的清扫，与北魏贾思勰《齐民要术》中的踏粪法相类似，从当时的画像石、画像砖及出土的猪圈模型可以看出，当时的牲畜大多是圈养，而且当时尚有许多野地或荒地可供开垦，所以农业上的肥料用量少而供应相对充足，那种需要付出很多劳动却只收获几块粪便的拾粪工作，可能很少出现，在街道上四处寻找遗落的牲畜粪便成为一种重要的积肥形式是在宋代以降肥料缺乏时才变得普遍。

---

① （明）袁黄：《宝坻劝农书》，载郑守森等校注：《宝坻劝农书·渠阳水利·山居琐言》，北京：中国农业出版社，2000年，第27页。

② ［美］富兰克林·H. 金著，程存旺，石嫣译：《四千年农夫——中国、朝鲜和日本的永续农业》，北京：东方出版社，2011年，第119页。

图 3-1 陕西汉代"拾粪"画像石拓片

注：王潮生主编：《中国古代耕织图》，北京：中国农业出版社，1995 年，第 11 页。

虽然农人有专门之拾粪工具——粪车，农学家王祯就曾建议农民用粪车来积攒肥料："凡农圃之家欲要计置粪壤，须用一人一牛或驴，驾双轮小车一辆，诸处搬运积粪，月日既久，积少成多"①，但粪车造价不菲且大多需要牲畜作为驱动力，而且拾粪收获的肥料又不会多到用车载，所以粪车在拾粪之时用处并不大，只是在某些地区偶有见之，如宋代学者朱熹对老子的"却走马以粪"之语一直不理解，直到在江西好不容易亲眼见当地农民拾粪所用的"粪车"后才恍然大悟②，可见粪车使用之不普遍，绝大多数拾粪者还是利用很传统的方式，即拾粪者背着或挎着用竹篾或柳条编成的粪筐，手里拿着粪叉或铲，遇到猪、牛、马、狗等粪便或其他肥源便用粪叉挑到粪筐中，直到拾满了一筐或没有粪可以捡时才回家。拾粪无需专门的技巧与技术规范，且需要的劳动消耗不大，任何人都可以从事这项农活，而且拾粪所捡是一种不确定的肥源，拾到多少粪还得靠运气，收获量不会很大且回报率极低，成年劳动力多不屑把主要精力浪费在此，故从事拾粪活动的主力是孩童，清代藏书家汪孟𫓶在旅途中就曾看见过"村童拾粪如拾金"③的景象，清代史料长编《东华续录》中也记载当时"大

① （元）王祯著，王毓瑚校：《王祯农书》，北京：农业出版社，1981 年，第 38 页。
② （宋）梨靖德编：《朱子语类 第 8 册》，北京：中华书局，1986 年，第 2998 页。
③ （清）阮元，杨秉初辑，夏勇整理：《两浙𫐐轩录（第七册）》卷 25《汪孟𫓶》，杭州：浙江古籍出版社，2012 年，第 1770 页。

凡以农世其家者，子弟俟成童后责其牧牛、拾粪"[1]，在明清时期许多地方志中都会提及某位考取功名的人少时家庭贫苦以拾粪来贴补家用，鉴于儿童多被排斥在雇佣关系之外，又无法干需要大量体力投入的农活，显然拾粪是孩童能做的劳动中对家里经济最有添补意义的，所以值得被表彰。孩童拾粪之盛，在民国时期某些地区甚至出现儿童因为忙于拾粪而无心顾及读书的情景，有人曾看到过这样的场景："往来康庄上，学童尽跣足，梭巡车马间，争先恐后伍，时而一叫喊，不解何所语，侧耳细分辨，知是争粪土"，对此时人尖锐予以批评："粪至贱也，畜粪为尤贱。光阴至贵也，学童光阴为尤贵。以极贵之光阴，易极贱之畜粪，可以决其别无他种生产法门。……粪土质至贱，光阴贵似金，以金易粪土，适以速其贫"。[2] 此外，老人与妇女也经常从事捡粪活动，成年劳动力即使拾粪也会避开正常的劳动时间，大多利用清晨或夜晚的空闲时间来拾粪，因为拾粪的回报太低，把有效的劳动时间投在拾粪上在经济上没有合理性。农民多利用农活不多、时间充裕的冬季来拾粪，梨树县的节气歌谣中就告诫当地农民"一月小寒随大寒，农人拾粪莫偷懒"，要抓住这段农闲时间多积攒粪土[3]，同治《江华县志》也记载此地农民皆"冬秋刈草拾粪以备来岁之用"[4]。

　　拾粪的范围一般在农民居住村郭的附近，很少有长距离的拾粪，因为毕竟拾粪利薄，长距离奔走拾粪在经济上划不来，民国时的《阳原县志》就记载了拾粪的基本距离范围："鸡鸣而起，负筐拾粪，不过多在本村或三五里内，不必远行，且其工作皆在午前"[5]，但也有例外，山西缙绅刘大鹏在日记中记载他在去往北京的路途中遇到的拾粪人，"由定州启行，即有拾粪农人追随车后，拾骡马沿途所遗之矢，及至望都俟有到定州之车乃追随而返以拾其粪。"他感叹当地农民积攒肥料的辛苦，因此吟曰："此

---

① （清）朱寿朋撰：《东华续录》卷15，《续修四库全书　史部　编年类》，清宣统元年（1909年）上海集成图书公司铅印本，第20b页。

② 《拾粪叹》，载《海王》1937年第28期，第473–474页。

③ 包文峻修：民国《梨树县志》丁编卷4《实业》，民国二十三年（1934年）刊本，第92b页。

④ （清）刘华邦纂修：《江华县志》卷10，清同治九年（1870年）刻本。

⑤ 刘志鸿修：民国《阳原县志》卷8《产业》，民国二十四年（1935年）铅印本，第8b页。

处农民亦苦哉，日日沿途拾粪末，追逐征车数十里，时当薄暮始谋回"①。当然这篇日记的时间是二月初二，属于农闲的季节，在农忙季节就不太可能有人会为了几块马粪而奔走一整天。当然还有更远距离拾粪的事例，复县县邑的西北是滨海地区，土地斥卤且多砂砾，地力十分贫瘠，所以每年农闲的季节，当地农民多"相率适营埠撮拾粪土取海道运复，以人力补地瘠，藉资生活。"② 远距离拾粪的事例多在清代和民国时被记载，说明此时很多地区已陷入肥料短缺中。很多地区不单是儿童，甚至全家都投入到拾粪来积攒肥料的事务中，如清镇县"村中老农，不嫌污秽，日常提箕拾粪，又命家中小童，在读书暇时，亦必提箕拾粪"③，乾隆年间的江津县"粪少则收薄，故平时男妇女大小皆拾粪烧灰，停积备用，实为农家要着。"④ 清末江西抚州的老百姓在拾粪方面更是用力甚多，他们"老稚四出，多方搜聚兼收各种畜粪及阴沟泥污、道路秽堆并柴木之灰渣、鸟兽之毛骨，无不各有其用"⑤，在某些地区，还出现了农人"打草粪田，晓夜不眠"⑥ 的状况，可见其肥料积攒之艰辛与不易。

三、渗入日常：从生产到生活的肥料积攒

在宋代以前，肥料的积攒大多数集中在生产领域，即绝大多数的肥料都是来自地里野生或栽培的绿肥，在家中生产肥料的地方也仅局限在牲畜

① 刘大鹏著，乔志强标注：《退想斋日记》，太原：山西人民出版社，1990年，第593页。
② 程廷恒修：《复县志略》，《艺文略》，民国九年（1920年）石印本。
③ 清镇市史志办公室：《清镇县志稿（点校本）》卷6，兴顺印刷厂，2002年，第175页。
④ （清）曾受一修：（乾隆）《江津县志》卷6，清乾隆三十三年（1768年）刻本。
⑤ （清）何刚德：《抚郡农产考略》，清光绪三十年（1907年）苏省印刷司重印本，《种田杂说》，第3页。
⑥ （清）唐古特修：（嘉庆）《沅江县志》卷18《风俗》，清嘉庆二十二年（1817年）刻本，第2a页。

棚（生产踏粪）与厕所（生产人粪）内，肥料的生产与生活领域是截然分开的。但在宋代以后，肥料生产的场所逐渐扩展，已慢慢浸入到民众的生活领域，并在家庭与田地间形成一条肥料生产的综合链条。

首先，肥料生产的场所延伸到农民居住的庭院内部，陈旉要求农民在农居之侧要建一个专门保存肥料的粪屋，屋檐要很低，以避免风雨的侵袭。在粪屋之中凿一个深池，周围砌上砖瓦，使其不渗漏。"凡扫除之土，烧燃之灰，簸扬之糠秕，断稿落叶，积而焚之，沃以粪汁，积之既久，不觉其多"①，袁采在《田家致火之由》中曾对"农家储积粪壤，多为茅屋，或投死灰于其间"的粪屋防火问题给予高度重视②，可见在宋代粪屋就普遍存在。清代农学家陈开沚在面对农家粪田的肥料尚且不足，根本没有足够的肥料来照顾桑树施肥的情况下，研制出一种与陈旉的"粪屋法"相类似的搜集肥料的办法，他建议农民"于宅近凿深大粪池，上盖草蓬，以遮雨露，并开沟引接洗衣洗物一切秽臭水，凡禽兽羽毛骨角，田中所耘苗草，俱收入池中泡滥，更下牛马粪，粪多者，下人粪更妙"③，通过这种方法积攒的肥料肥效很高，用来浇桑树可代替江南常用的水粪。此外，农民积肥的眼光还聚焦于厨房里，针对厨房里淘米水、菜叶等垃圾问题，陈旉建议农民"于厨栈下深凿一池，细甃使不渗漏，每春米，则聚砻簸谷及腐草败叶，沤渍其中，以收涤器肥水，沤久自然腐烂。"④农民还经常把烧过的炕与灶拆掉，用炕土、灶土来肥田，这种现象在北方较多见，蒲松龄在《农桑经》里记载道："至长烧之炕，炕面一年一换。换时，将洞中土倒翻一遍；不三年，表、里薰透，则全换之。"⑤某些地区的农民间还流行着这

① （宋）陈旉著，万国鼎校注：《陈旉农书校注》，北京：农业出版社，1965年，第34页。
② （宋）袁采：《袁氏世范》卷3《治家》，北京：中华书局，1985年，第48页。
③ （清）陈开沚述：《裨农最要》卷2，北京：中华书局，1956年，第24页。
④ （明）袁黄：《宝坻劝农书》，载郑守森等校注：《宝坻劝农书·渠阳水利·山居琐言》，北京：中国农业出版社，2000年，第27页。
⑤ （清）蒲松龄撰，李长年校注：《农桑经校注》，北京：农业出版社，1982年，第33-34页。

样的话，"烧锅温炕肥田好，穷屋里，富地里"①，甚至有农民仿照炕土肥效的生成原理，自己摸索出在烧饭时加入泥丸烧红后来肥田的方法，"或调泥为丸，升口大。烧锅时，以一、二枚入皂腮中，待其红透，又易之。敲碎未透者，复入烧之；此与炕土无异。"②同时，农民对家中牲畜粪便有了比先前的踏粪法更先进的积攒方法，踏粪法只是把秋收后打谷场上的谷壳、秸秆、碎叶等收集起来铺垫在牲畜棚舍中，而明代袁黄则认为，"凡养牛、羊、豕属，每日出灰于栏中，使之践踏，有烂草、腐柴，皆拾而投之足下。粪多而栏满，则出而叠成堆矣，"③这样就把踏粪法的原料扩展到草木灰、烂草、腐柴等更多的物质上来。还有人通过做粪窖的方法来收集牲畜粪便，"家作一大灰窖，一切人畜粪秽、牛羊便溲皆积其中"④。同时，还有一种更可怜的肥料积攒方法，即通过清扫、扫除来获取垃圾肥田，宋代衢婺地区的农人便勤于打扫卫生来积肥，"收蓄粪壤，家家山积，市井之间，扫拾无遗。"⑤清人陈开沚在论述桑树施肥之时曾说，如果没有河泥作为肥料的话，可以通过用"扫地所集之渣滓泥"⑥来替代。多扫院子能积粪土已成为农人的共识，"多扫院子少赶集"这句格言甚至成为某些地区农民普遍信奉的致富教条⑦，甚至有急缺肥料的农民为了通过此种途径获得肥料，竟每天扫地几次，更有甚者把屋里的地挖掉一层来肥田，可见肥料之缺乏。

① 余正东修，吴致勋纂：民国《黄陵县志》卷18《风俗谣谚志》，民国三十三年（1944年）铅印本，第3a页。

② （清）蒲松龄撰，李长年校注：《农桑经校注》，北京：农业出版社，1982年，第33-34页。

③ （明）袁黄：《宝坻劝农书》，载郑守森等校注：《宝坻劝农书·渠阳水利·山居琐言》，北京：中国农业出版社，2000年，第27页。

④ （清）曾受一修：(乾隆)《江津县志》卷6，清乾隆三十三年（1768年）刻本。

⑤ （宋）程珌：《壬申富阳劝农文》，载曾枣庄，刘琳主编：《全宋文 第297册》，上海：上海辞书出版社，2006年，第292页。

⑥ （清）陈开沚述：《裨农最要》卷2，北京：中华书局，1956年，第23页。

⑦ 关定保等修：(民国)《安东县志》卷8《歌谣》，民国二十年（1931年）铅印本，第83b页。

其次，农民肥料积攒的场所也扩展到田地里。宋代开始，南方农民经常在田头设砖窖来发酵、保存肥料，可能是把家中的厕粪与厩粪运送过来，顺便加上在田间拾取的秸秆、杂草等沤在一起，王祯曾号召北方农民学习南方的此项技术，[①]清人陈盛韶在去古田赴任的路上，发现当地农民在田间设有很多小房子，误认为是古代农家所说的"田有庐"之遗风，经过问询当地父老才知道原来这种小房子不是田间的庐舍而是"粪寮"，因为"禾方长必是滋之，缘田设寮取其便焉。"[②]黄傅初在《整顿农务谕》里记载他家乡的农人："秋收后即于田中取田泥围成粪池，（靠岸作池亦可，田太大则作于田中）随时将粪秽、烂草、牛羊猪骨、鸡毛等，（各骨捣碎泡化，最为肥田上品）又细糠蟹壳鸟粪极好，此类零星加入，以水泡之，酿成熟粪。大约每田十亩，必以二亩作池。"[③]还有许多农民在田间建茅厕，以让自己的家人或其他农人在田间劳动之时如厕，以收集更多的肥料粪田，徽州契约文书中就记载卖地时连同地里的厕所一起出卖的现象，可见当时田间设茅厕是较普遍的。[④]另外，农民还在村中道路旁边设立粪堆来收集肥料（图3-2），或在路边建厕所以方便收集路人的粪便，来解决肥料不足的问题，刘大鹏就曾在他家门口的路边建厕所，同时像刘家一样，门朝着村中大街的家家户户都在路边建茅坑，以来吸引路过的客人。这样的现象很普遍，"坐落在赤桥北边几里路的小村落晋丰，同一条大路延伸至此的一小段就有三十几个茅厕。"[⑤]郑之侨也建议"于大路之旁，或盖坑厕打扫清净，或开掘深窖埋砌大缸，无论往来，尿粪日渐积受，不致

---

① （元）王祯著，王毓瑚校:《王祯农书》，北京：农业出版社，1981年，第37页。

② 台湾省文献委员会:《台湾历史文献丛刊 问俗录》，台湾银行经济研究室，1997年，第15页。

③ 光绪《续纂句容县志》卷末《志余杂俎》，第33b页。

④ 梁诸英:《明清徽州农家卫生设施之交易》,《中国农史》，2014年第4期，第95-100页。

⑤ ［英］沈艾娣著，赵妍杰译:《梦醒子：一位华北乡居者的人生（1857—1942）》，北京：北京大学出版社，2013年，第115页。

弃置，非持方便行人，抑且肥田百倍"①。更有甚者还在不属于自己的地盘上肆意建造粪段来收集肥料，以致引发纠纷。乾隆二十年（1755年），长沙的绅士捐资监修学校前面的泮池，泮池旁边就是农民收集肥料的场所，两者相安无事，迨至同治六年（1867年），居民积粪潮流更甚，甚至在城外开挖粪段污秽，严重影响到学校的正常运转，后来经过立禁碑，禁止在此地积粪，此类行为才得到缓解。②

图 3-2　建在村中街道上的粪堆

注：［美］富兰克林·H.金著，程存旺，石嫣译：《四千年农夫——中国、朝鲜和日本的永续农业》，北京：东方出版社，2011年，第153页。

最后，肥料的积攒与生产过程已深入至普通百姓生活的各个方面，农民在日常生活中对肥料积攒更加重视与用心，这一点突出体现在宋代以降杂肥种类的增长上，宋代就出现了把生活中的洗鱼水、淘米泔水、挦猪毛等当做肥料来收集的事例，明代日用通书《便民图纂》中出现了更多日用肥料，譬如煮肉汁、洗衣灰水、梳头垢腻、鸡毛、鹅毛、瓦屑等③，徐光

---

① （清）郑之侨:《农桑易知录》卷1《农务事宜》，乾隆二十五年（1760年）刻本，第10b页。

② （清）吴兆熙等修:（光绪）《善化县志》卷11《学校》，清光绪三年（1877年）刻本，第33-34页。

③ （明）邝璠著，石声汉，康成校注:《便民图纂》，北京：农业出版社，1959年，第51、54、55页。

启的《广粪壤》篇可谓是当时记载日常用肥种类最全的典籍，不仅包括厨余垃圾米泔、豆渣、褪鸡鸭鹅毛水、牛羊猪杂矬、谷糠、人发、头垢，浴水、破草鞋等，还包括熬制皮料后的胶滓、造酒业剩余的糟与酒脚、制糖业的废料糖渣，甚至还包括豆腐店的浸豆水与洗澡堂下的淤土，[①] 这说明杂肥的搜集不单单局限在农民日常生活的各个方面，农民还在本地的小手工业与服务业中搜集一切可以利用的肥料。根据曹隆恭的统计，明清时期此类日常生活的杂肥种类有 40 余种，[②] 肥料积攒已深入农业社会日常生活的各个角落。

四、金汁业：从城镇到乡村的肥料流动

罱河泥、拾粪与日常生活中的肥料积攒只是农民在农业社会内部进行的肥料搜集，来尝试解决肥料不足困扰的途径。宋代以降，随着人口迅速膨胀与工商业的发展，以手工业、商业等非农产业为基础的城镇大量兴起，城市不管从数量上还是规模上都大超前代，并且在随着时间的演进而不断丰富、不断深化，甚至有学者认为唐宋之间社会转轨中最显眼的现象之一就是城市的跨越式发展[③]。城镇的异军突起使农民搜集肥料的视野开始冲破了农业社会的藩篱，把搜集肥料的范围从空间上延伸至附近的城镇，自发到城市拾粪、收粪、买粪逐渐成为农民肥料获取的一个重要来源。在城镇获取肥料的方式除了有进门讨取居民家里的泔浆等垃圾及通过代洗便溺器等方式来讨要或用劳动交换肥料，还有在城市里拾粪的记载，清代竹枝词里就对此类行为有过记载，题曰"马勃牛溲与竹头，从无弃物委渠沟。提筐在背沿街走，更有人来拾粪筹。"[④] 当然这都是不常见的现

---

① 朱维铮、李天纲主编：《徐光启全集·第五册》，上海：上海古籍出版社，2010 年，第 447—453 页。
② 曹隆恭：《肥料史话（修订本）》，北京：农业出版社，1984 年，第 36 页。
③ 包伟民：《宋代城市研究》，北京：中华书局，2014 年，第 1 页。
④ （清）杨米人著，路工编选：《清代北京竹枝词 十三种》，北京：北京古籍出版社，1982 年，第 21 页。

象，绝大多数都是通过出钱购买的方式来获得肥料，城镇交易肥料的主要种类是人粪、牛壅磨路与猪灰。

人粪尿又称大粪，是一种含氮养分高、肥效快的有机肥料，虽然关于人粪尿的使用早在汉代的《氾胜之书》中就已有记载，但宋代之前，人粪尿的使用并不普遍，甚至在宋代陈旉还曾在其《农书》中警告道："切勿用大粪，以其瓮腐芽蘖，又损人脚手，成疮痍难疗。……若不得已用大粪，必先以火粪久窖罨乃可用。"[①] 其实在陈旉质疑使用大粪的时候，大粪便慢慢流行起来并成为主要的肥料来源，迨至明清时期，大粪成为粪田的最重要肥料，被农学家认为是具有极大肥效的"一等粪"[②]。城市人口繁多，能够积攒大量的人粪尿，且城市市民的生活水平远胜村落的农人，粪中氮素的含量也远比农村农人的粪便含有的养料多，遂备受种田农人青睐。根据南宋吴自牧《梦粱录》的记载，杭州城里人口众多，街巷小户人家，大多没有厕所，只用马桶，每天都会有出粪人过来倒，这行还有一个专门的名字，叫"倾脚头"，每个"倾脚头"都有自己的主顾，不会互相争抢；发生争抢之时，粪主必然和他发生争执，"甚者经府大讼"[③]。买粪粪田越来越兴盛，明末地主沈氏在其农书的《逐月事宜》里就记载了买粪苏杭、买粪谢桑等农事安排，[④] 可见买粪肥田之普遍性，甚至在清代嘉庆时期，苏州城因为粪便交易的频繁，曾出现"城中河道逼仄，粪船拥挤"[⑤]的景象。进城买粪一般是农民带着自备的粪缸与桶，撑船到城市居民家中收粪，把马桶里的粪便倒入收粪的桶中，然后划船回到家中，搀和清水后施用在田地上。徐光启曾说"田附郭多肥饶"[⑥]，表明买大粪来中

① （宋）陈旉著，万国鼎校注：《陈旉农书校注》，北京：农业出版社，1965年，第45-46页。
② 王毓瑚辑：《秦晋农言》，北京：中华书局，1957年，第38页。
③ （宋）吴自牧著，符均，张社国校注：《梦粱录》卷13，西安：三秦出版社，2004年，第202页。
④ （清）张履祥辑补，陈恒力校释，王达参校，增订：《补农书校释》，北京：农业出版社，1983年，第11-16页。
⑤ 赵尔巽等撰：《清史稿》卷357，北京：中华书局，1977年，第11324页。
⑥ 朱维铮、李天纲主编：《徐光启全集（六）》，上海：上海古籍出版社，2010年，第137页。

种田的人大多是城镇附近的农民，据《抚郡农产考略》记载："附郭农民在三十里内外者多入城收买粪秽，近城市者每日携担往各处代涤便溺秽器。"[1]地主沈氏也经常在小满农忙的时候去附近城镇买坐坑粪，[2]但也有很多长距离的买粪的情况发生，如在江苏盐城，"农人以其暇操舟齎粮四出买粪，北走淮阜，南逾长江，不惮千里"[3]。家住桐乡的沈氏也经常去百里外的杭州买粪，并说"其人粪，必去杭州"，在买粪回来的水路途中还要经过几道大河坝，船经过时往往十分颠簸，所以沈氏告诫农人不要装粪太满，否则容易因船的颠簸而损失刚买来的一部分粪便，[4]可见其艰辛程度。另外，买粪农人不单通过挨家挨户倒马桶的方式来购买粪便，有时也直接从城里公厕来买粪肥田，康熙年间的《虞初新志》就记载"顺治十年（1653年）三月，龙溪老农黄中，与其子小三，操一小船，往漳州东门买粪，泊船浦头，浦傍厕粪，黄所买也。父子饭毕，入厕担粪"[5]，这种粪便可能是直接向官方购买的。

随着大粪交易的兴盛，开始出现了一批专门以收取城市中人粪尿为生计的人，这些人最初"多数为附郭乡农，执有粪段印契"[6]，随着慢慢发展，这些人组成了专门从事收购城市粪便卖给农人当肥料的一个行业，叫做"金汁业"或者"壅业"。旧时老北京的三百六十行中就有"大粪厂"这样的一个行当。民俗学家齐如山对这一行有如是记载："每日派人背一木桶收取各住户、铺户之粪，用小车运回，晒干卖为肥料。事虽简单，而

---

[1]（清）何刚德：《抚郡农产考略》，清光绪三十三年（1907年）苏省印刷司重印本，《种田杂说》，第3页。

[2]（清）张履祥辑补，陈恒力校释，王达参校、增订：《补农书校释》，北京：农业出版社，1983年，第56页。

[3] 林懿均修：（民国）《续修盐城县志》卷4《产殖》，民国二十五年（1936年）铅印本，第4a页。

[4]（清）张履祥辑补，陈恒力校释，王达参校、增订：《补农书校释》，北京：农业出版社，1983年，第56—57页。

[5]（清）张潮辑：《虞初新志》卷17，石家庄：河北人民出版社，1985年，第324页。

[6] 苏州市档案馆档案，档案号 乙2-38/25/70-71，引自吴志远：《清代、民国年间苏州壅业述论——兼谈市场机制下城市环卫与基层政府机构改革》，载唐力行主编：《江南社会历史评论 第2期》，北京：商务印书馆，2010年，第192页。

行道极大，行规也很严，某厂收取某胡同之粪，各有道路，不得侵越。如不欲接作时，可将该道路卖出，亦曰"出倒"。接作者须花钱若干，方能买得收取权"①，可见其之正规与严格。金汁行雇佣的每天早晨去往各户倒马桶的工人男女皆有，在各地这种工人分别被称作"倒屎婆""臭屎姑""倒老爷"等，在那个惜粪如金的时代，金汁行业的人地位很高，他们拥有特大权力，被称为"粪阀"，②每当各同业公会会长开会时，金汁业同业公会的会长总是居于首席。③随着农业用肥对城市粪便依赖程度的加剧，还出现了金汁业的工人在粪便中掺水造假的情况，杭州市就曾发生在粪尿交易时，金汁行的人"将较浓之粪尿渗入清水，多至四五倍，使其质薄而量增，徒增粪价之支出犹其次焉"④ 的投机取巧的现象。

此外，随着加工行业的发展，宋代以降，在农村和城市的中间出现了诸多专门依赖把粮食加工后卖给城里人的专业化市镇，其中比较著名的是碾米业和磨面业，斯波义信的研究表明，在 10 世纪之后，府州、县层次的都市周围发展出无数的"市镇"，对农村产生了深刻的影响。⑤ 李伯重认为碾米、磨面等商业性谷物加工业在明清时的江南地区分布较广、生产规模也呈不断扩大的趋势。⑥ 这种专业化城镇中谷物加工时使用的牲畜动力是牛，同时碾米业的工场也就地利用碾碎的碎米来养猪，所以这些加工作坊生产的粪肥对于周围的农村地区来说是一笔很丰厚的肥料来源，其生产的肥料是磨路和猪灰。磨路即农书中所谓的"踏粪"，是指被牛反复践踏过的秸秆、碎草等与牛粪尿混合在一起所形成的一种堆肥，是一种有效的肥料；猪灰即养猪所积攒的猪厩肥。明末的经营地主沈氏说"要觅壅，

---

① 齐如山：《北京三百六十行》，北京：宝文堂书店，1989 年，第 46 页。

② 李印元，郑清铭编：《阳谷文史集刊（上）》，阳谷县委员会，1999 年，第313 页。

③ 锡纯仁：《旧济南民俗三则》，《春秋》2007 年第 4 期。

④ 曹振，楼德武等提案，庞菊甫等连署：《杭州市参议会第一届第三次大会会刊》，1947 年，第 114 页。

⑤［日］斯波义信著，布和译：《中国都市史》，北京：北京大学出版社，2013年，前言第 1-2 页。

⑥ 李伯重：《江南的早期工业化（1550—1850）》，北京：社会科学文献出版社，2000 年，第 86-100 页。

图3-3　碾米图
牛在碾米过程中所生产的踏粪"磨路"

注：（明）宋应星：《天工开物》卷4
《粹精》，明崇祯十年（1637年）涂绍煃
刊本，第58b页。

则平望一路是其出产。磨路、猪灰，最宜田壅。"[1]平望镇在当时是与苏州枫桥齐名的江南著名米市，四方的稻谷都汇聚在此被加工成精米，碾米时以牛为动力带动石磨的转动，人们将碎草、土、秸秆垫在牛拉磨经过的路上，制成牛壅磨路（图3-3）。不仅仅是商品性谷物加工业会生产磨路，市镇中其他的粮食加工业及油坊、糟坊、酱房等小型生产作坊，一般也以牛为动力，也是农民购买磨路的来源。这样，粮食加工业或小作坊的经营者把通过这种方式获得的牛粪磨路连同其养猪获得的猪厩肥一起窖起，卖给附近的农民或农业经营者。购买这种肥料称为租窖，《沈氏农书》的逐月事宜"十月"条中就有"租窖各镇"的农事安排。[2]

五、勤勉革命抑或生存压力？

通过上面的论述可以看出，在晚期帝制时代，伴随着人口膨胀与农业的发展，肥料搜集作为一项亟待的农事安排被提上了日程，农民开始变得惜粪如惜金，把一切可能利用的时间和几乎全部的家庭成员都投入到肥料

---

① （清）张履祥辑补，陈恒力校释，王达参校、增订：《补农书校释》，北京：农业出版社，1983年，第56页。

② （清）张履祥辑补，陈恒力校释，王达参校、增订：《补农书校释》，北京：农业出版社，1983年，第21页。

的搜集中：成年劳动力利用农闲的季节和阴雨天的空闲时间来罱河泥，并通过延长日工作时间、利用黎明前和黄昏后的空闲时间来捡粪；尚未成年的孩童、已丧失部分劳动力的老年人与不能从事繁重体力工作的妇女多从事较为轻松、简单的拾粪工作；农户的全体成员都合理地分配到肥料搜集工作中。肥料搜集在空间上也不断扩大，从家庭内部扩展到整个农业社会，继而又延伸到市镇与大都市中，开启了整个传统社会全民积肥的模式。肥料搜集领域的这些变化似乎显而易见地可以描绘出一幅与加州学派类似的图像，即在宋代以降的肥料搜集方面，各种闲置的劳动力资源被巧妙地搭配起来并得到充分的使用，农民的各种劳动时间也被有机地衔接起来，各种资源在积粪的过程中被合理的配置，此时段的肥料收集工作可以被视作"合理农业"的重要组成部分。

　　美国学者德·弗雷斯（Jan De Vries）在研究工业革命发生前的几十年间西欧生产和消费变革之时，提出"勤勉革命"（Industrious Revolution）一词，即把个人工作更长的时间，或农户中更多的家庭成员参加增加收入的活动，他认为为了购买更多的日用奢饰品，妇女和儿童大量加入到纺织业的生产中，由此积累了剩余，并提高了家庭水平，正是这种"勤勉革命"导致了著名的"工业革命"。本章中，农户也把个人更多劳动时间与更多家庭成员投入到积肥劳动中来，但却没有造成德·弗雷斯所说的"勤勉革命"，因为虽然二者所采取的方式相同，即都是把个人更长的工作时间以及大量妇女儿童加入劳动中，但二者的目的和结果是不同的，农户勤勉的搜集肥料并不是受到提高消费水平的刺激，而仅仅是对生存压力的一种适应。宋代以降，随着人地矛盾的日益尖锐，对土地的利用程度也急剧增加，地力的耗损也就自然越来越严重，为了生产出足够多的粮食来养活其家庭，农民不得不加大力气去搜集肥料以弥补地力。即使如此，很多土地仍然陷入了地力投入的"内卷化"趋势，即如果想让土地每年保持相同的产量，需要投入的肥料资本随着时间的推移变得越来越大，导致农田愈来愈薄收。例如农业甚为发达的松江地区，以前能亩收三石稻谷的稻田，在清代地力下降后，"有力膏壅者所收亦仅两石"，施肥少的下农往往所获不足以偿费①。这种状况并不是个例，在很多地方都时有发生，民国时云南东北部的宣威地区以玉米为主要种植作物，在施肥的时候很精细，大量使用人粪、火灰及富含腐殖质的肥土，富有的农民施肥时还在肥料里混杂上油渣，但在收获之时却"究其收成，不上一石二斗，照寻常市价，往往不敷成本。"②肥料的收集并未导致白馥兰所认为的"在帝制晚期，肥料使用等技术节省了农民田间劳动的时间，为乡村小商品生产的发展提供了自然基础"③那样的结果，相反却把农民牢固地控制在自己的土地上，过着穷困潦倒的生活。姜皋描述了清代松江农民的悲惨生活，并把导致这种状况的原因完全归咎为地力的衰退：

> 民生日蹙，则农事益艰，如耕牛有不能养者矣，农器有不能全者矣，膏壅有不能足者矣。人工缺少则草莱繁芜，旱潦不均则螟蟊为患，勉强糊口，年复一年，以至卖妻鬻子，失业之农，填沟壑、为饿殍者，不知凡几。即素称勤俭而有田可耕者，亦时形菜色焉。盖地力已薄，即使天心仁爱、雨阳及时，终不能变硗而为肥，易瘠而为厚也。④

为了避免因地力衰退所引发的"暗荒"，生产出足够的粮食来养活全家人口，农民才不得已被迫牺牲自己的休息时间、延长工作时间的长度来进行肥料的搜集，并把家中更多的成员纳入搜集肥料活动中。肥料搜集的工作并未引发使他们生活变得更加充裕而能购买更多奢侈产品的"勤勉革命"，而是跌入伊懋可所声称的劳动极端密集的"前现代经济增长的最后

---

① （清）姜皋：《浦泖农咨》，顾廷龙主编，《续修四库全书》编纂委员会编：《续修四库全书 976 子部·农家类》，上海：上海古籍出版社，2002年，第214页。
② 陈其栋等修：（民国）《宣威县志稿》卷7，民国二十三年（1934年）铅印本，第3a页。
③ ［美］白馥兰著，江湄，邓京力译：《技术与性别：晚期帝制中国的权力经纬》，南京：江苏人民出版社，2010年，第305页。
④ （清）姜皋：《浦泖农咨》，顾廷龙主编，《续修四库全书》编纂委员会编：《续修四库全书 976 子部·农家类》，上海：上海古籍出版社，2002年，第220页。

阶段"[1]。把大量的劳动力消耗在报酬低微的肥料收集中,产生了黄宗智所提出的"过密化"的境况,即在肥料搜集活动中,虽然总的肥料的数量有所增加,但单位工作日的边际报酬却出现递减,这种过密化的状况实属无奈之举,家庭生活的窘迫和地力的下降致使农民的生活日益艰难,为了养活所有的家庭成员,小农家庭需要把全部的劳动力投入生产中获得利润,但在很大程度上,妇女、儿童、老人等这些劳动力极少有市场出路,被排斥在雇佣关系之外,所以无法投入劳动力市场中,只能通过其他途径来发挥其价值,肥料搜集技术简易且便于掌握,而且劳动消耗不大的特点使得这些闲置劳动力可以投身于其中,虽然收益甚微,但对他们来说,只要净收入大于零,那么劳动力的消耗就是合理的,毕竟它增加了全家的总收入。"[2] 因为小农并不是仅仅如波普金(Samuel Popkin)的研究所描述的那样是个八面玲珑、时刻追求经济利益最大化的理性经济主体,在很大程度上他们身上更体现着斯科特(James C. Scott)所提出的"生存伦理"(subsistence ethic),在任何情况下小农都将其生存置于最重要的位置,从这个角度来说,小农耕作者的最佳选择仍是采用能吸取最大量的家庭劳动力的技术,所以惜粪如金正是体现他们在肥料收集中理性的地方。

---

[1] [英]伊懋可著,梅雪芹等译:《大象的退却:一部中国环境史》,南京:江苏人民出版社,2014年,第9页。

[2] [美]李丹著,张天虹,张洪云,张胜波译:《理解农民中国:社会科学哲学的案例研究》,南京:江苏人民出版社,2009年,第120页。

第四章

粪之器：肥料技术各环节中使用的农具

> 粪具有畚、有帚、有锨、有杴、有瓢杯，载粪有划船、有下泽车。
>
> ——（清）张海珊《说粪》

农具对农业生产有着极为重要的意义，相传上古神农氏的最大贡献之一即是"斫木为耜，柔木为耒，耒耨之利以教天下"[1]，但历代典籍文献对农具的记载却近乎阙如，直至元代，王祯才首次将当时农业实践中所用的农具分门别类地加以记录，并分别附有描绘其形制的图像，称之为《农器图谱》。《农器图谱》的巨大影响力加上元代以降在农具方面并没有重大的创新，使得其后的农书撰者们在写作农业器具时倾向于直接抄袭王祯的相关论述，这使得明清时许多原本可以被另行记录的小型农具革新技术被历史湮没[2]。肥料技术所涉及农具记载的缺乏即是其中之一，以致现代学者在研究肥料史之时，都觉得没有相关史料可资利用，在论述古代施肥器具时，只能根据在农村实际调查中所获得的资料来以今证古，如周广西就

---

① （商）姬昌著，宋祚胤注译：《周易》，长沙：岳麓书社，2000 年，第 347 页。

② ［英］Joseph Needham, Science and Civilisation in China, Volume 6 Part II: Agriculture, by Francesca Bray, Cambridge University Press, 1984, pp64.

认为"由于历代文献对积肥施肥农具鲜有记载，既有的研究对此少有涉足……于是笔者萌发了'考现'的想法，很多传统的农具、用具仍然可以在现代社会中找到"[1]，曹隆恭与陈恒力等前辈学者在探究古代肥料保存器具时也频繁以现代农业中的相关器具来印证与说明[2]，其实，历史上真实的情况则不然。

宋代以降，伴随着农业生产对肥料需求的增大，涉及肥料的农事活动开始变得频繁，在文献中逐渐有了对粪壅农具的零星记录，如宋代朱熹就曾提及粪车，王祯也在其农书中也提到粪车与粪耧，但在其《农器图谱》中却没有针对肥料器具的专门论述或章节。明清时期，关于肥料农具的记载逐渐增多，不但许多地方志中有了对肥料农具的简略记录，而且在清乾隆二年（1737 年）钦定的农书《授时通考》中还出现了专门讨论肥料器具的"淤荫具"章节，并对肥料器具各自附有图说，详细地介绍了农舟、划船、下泽车等 14 种施肥器具。笔者拟以《授时通考》中"淤荫具各图说"部分作为主要的文献来源，结合历代农书、方志、诗词、笔记小说等文献中的相关内容，分肥料搜集工具、肥料运输器具及施肥工具三个部分来详述宋代以降传统肥料技术的每个步骤中所使用的农具，并分析其特点，最后尝试以淤荫器具为例，简单分析下为什么元代之后我国在农具上没有取得重大的突破与创新。

一、肥料搜集的工具

肥料搜集是一项重要的农事安排，历来深受农家者流之重视，南宋时陈旉就深切意识到其重要性，并鼓励农民收集一切可用作肥料的东西，"凡扫除之土，烧燃之灰，簸扬之糠秕，断稿落叶，积而焚之，沃以粪汁，

---

① 周广西：《明清时期中国传统肥料技术研究》，南京：南京农业大学博士论文，2006 年，第 47–48 页。
② 曹隆恭：《肥料史话（修订本）》，北京：农业出版社，1984 年，第 38、61 页；陈恒力：《补农书研究》，北京：中华书局，1958 年，第 134、233 页。

积之既久，不觉其多。"① 元代王祯也认为肥料收集甚为重要，"夫扫除之猥，腐朽之物，人视之而轻忽，田得之为膏润"，并号召"为农者必储粪朽以粪之"②，在明清时甚至出现了"积粪胜于积金"③ 的说法，农户中的几乎所有成员都投入到积粪活动中来，肥料搜集活动从农业社会内部扩展到整个社会层面上。④ 肥料搜集的过程必然会涉及一系列农具的使用，但历代农家者流却对此语焉不详，只有王祯曾提及用粪车来积攒肥料，建议"凡农圃之家欲要计置粪壤，须用一人一牛或驴，驾双轮小车一辆，诸处搬运积粪，月日既久，积少成多"⑤，即利用一头牛或驴来牵拉的双轮小车来收集粪肥，这种用双轮骡马车来拾粪的办法不但造价较贵，且易受到路面状况、道路宽窄以及自然障碍的制约，一般使用范围不广。如宋代理学家朱熹曾对老子"天下有道，却走马以粪"一直不理解，直到亲眼"在江西见有所谓粪车者，方晓此语"⑥，说明当时这种利用牲畜拉车的拾粪方式并不多见。关于粪车的形制和技术规格等细节，史载不详，只有在清代嘉庆间的刑案记录中记载当时有"拉四轮牛车驾牛三只赴集拉粪"⑦ 的情景，结合朱熹与王祯的叙述，可知当时所指的粪车即是以牲畜拉车的方式来收集、运输肥料的双轮或四轮车。

搜集肥料有两种主要的形式，一是农民携带自家器具去外面拾粪或给别人家清理厕所里的粪便，在街道上的拾粪者大多是背着粪筐，手里拿着一个粪叉或竹杷，沿街收集地上的粪便和废弃垃圾，遇到肥源则用粪叉或竹杷捡起，放到背后的粪筐中（图4-1），清代一则刑案记录里就记载

① （宋）陈旉著，万国鼎校注：《陈旉农书校注》，北京：农业出版社，1965年，第34页。

② （元）王祯著，王毓瑚校：《王祯农书》，北京：农业出版社，1981年，第36页。

③ （清）杨屾撰，郑世铎注：《知本提纲》，载王毓瑚辑：《秦晋农言》，上海：中华书局，1957年，第37页。

④ 杜新豪：《惜粪如惜金：宋代以降农民对肥料的获取》，《史林》2017年第2期，第66-75页。

⑤ （元）王祯著，王毓瑚校：《王祯农书》，北京：农业出版社，1981年，第38页。

⑥ （宋）梨靖德编：《朱子语类 第8册》，北京：中华书局，1986年，第2998页。

⑦ （清）祝庆祺等编：《刑案汇览三编（二）》，北京：北京古籍出版社，2004年，第1136页。

了农妇刘张氏"提粪筐站立车右路旁……在牛后弯身耙取牛粪"的拾粪场景及其所利用的农具粪筐、粪杷①。"权"在《王祯农书》的记载中是用来挑作物秸秆的，王祯云："箱禾具也，揉木为之，通长五尺，上作三股，长可两尺，上一股微短，皆形如弯角，以箱取禾稛也。"②粪叉即小型化的权，便于收集粪便及其他碎小的肥田物。同时，拾粪者手中所持的也可能是竹制的竹杷，竹杷本是农家用在场圃树林间以杷落叶、秸秆的农具（图4-1，图4-2），但亦可"执以拾粪，其制稍密"③，即用作拾粪的竹杷的齿比用作普通农活的要密集些，以防止拾粪过程中微小粪秽会从齿间掉落。粪筐或粪篓多背在拾粪人的背上，但也有可提于手中的粪筐，清代北方就有"提筐在背沿街走，更有人来拾粪箄"④这首来描述拾粪场景的竹枝词，粪筐一般是用竹、木、荆条等材料编成的，北方多用荆条来制作，南方则多用竹子编制，这体现了就地取材的特点。至于农民在给别人家掏茅厕来收集肥料之时，由于掏取的肥料是半液态的，所以使用的器具与拾粪者使

图4-1　清代外销画中的拾粪人

注：王次澄等：《大英图书馆特藏中国清代外销画精华（第七卷）》，广州：广东人民出版社，2011年，第179页。

图4-2　《授时通考》中的竹杷

注：马宗申校注：《授时通考校注（第二册）》，北京：农业出版社，1992年，第271页。

---

① （清）祝庆祺等编：《刑案汇览三编（二）》，北京：北京古籍出版社，2004年，第1136页。

② （元）王祯著，王毓瑚校：《王祯农书》，北京：农业出版社，1981年，第250页。

③ 马宗申校注：《授时通考校注（第二册）》，北京：农业出版社，1992年，第271页。

④ （清）杨米人著，路工编选：《清代北京竹枝词　十三种》，北京：北京古籍出版社，1982年，第21页。

用的有所不同，他们用到的农具是粪桶与粪杓，粪桶多用不易腐烂的木板箍成的，粪杓为铁质或木质的杓，上面装有木柄或竹柄的带柄料杓（图4-3）。

另一种肥料搜集方式是农民利用家庭内部搜集的牲畜粪便或其他垃圾来肥田，涉及的器具更是五花八门，在打扫畜舍或清扫垃圾之时用到的农具有粪帚和粪箕，《说文解字义证》云"帚扫除粪秽也……箕可以簸扬及去粪"[①]，形象地阐明帚和箕在收粪时各自的功用。在古代有两种帚，一种是用竹子编成，形制上为扁短状，用来清洁室内的"筲帚"；另一种是"束篠为之"，在形制上比较长，用来打扫庭院的"扫帚"[②]，虽然史书中并无明确记载粪帚为二者中的哪一个，但从《授时通考》淤荫部分绘制的帚的图像来看，粪帚在形制上同清扫室内的"筲帚"相仿（图4-4），因为用来打扫庭院的"扫帚"较为稀疏、间隙大，用来清扫粪土可能会扫不干净，且在牲畜棚舍内清扫粪便时，"扫帚"形制上过大亦不方便在狭窄的空间中使用。粪帚在传统社会中应用极广，几乎每家每户都拥有它，在古代民间还流传着一种"乞如愿"的习俗，《三农纪》中转引了这个故事：

图4-3 清代外销画中的掏茅厕

注：王次澄等：《大英图书馆特藏中国清代外销画精华（第七卷）》，广州：广东人民出版社，2011年，第264页。

图4-4 《授时通考》中的粪帚

注：马宗申校注：《授时通考校注（第二册）》，北京：农业出版社，1992年，第272页。

---

① （清）桂馥撰：《说文解字义证》卷23，《续修四库全书 经部 小学类》，清道光三十年（1850年）至咸丰二年（1852年）杨氏刻连筠簃丛书本，29b页。

② 马宗申校注：《授时通考校注（第二册）》，北京：农业出版社，1992年，第273页。

商人瓯明在途径青草湖时遇见湖神，湖神赐给他一名唤作如愿的奴婢，瓯明领其回家后其生意就变得兴隆，后来在某年的岁旦时，如愿起床迟了，瓯明就用鞭子责罚了她，如愿挨打后便藏匿到了家中的粪帚里，此后瓯明家就没落了，后世的人们便在岁旦时都把自家的粪帚放在家中，希望如愿就隐藏在其中，能够给他们带来财运，[①] 从这则小故事中可见粪帚在传统社会中的普遍性。

粪帚扫除的粪便或垃圾被放在粪箕（图4–5）中，《曲礼》注曰"箕去弃物，谓收粪也"，《授时通考》曰："簸箕有舌，粪箕无舌"，南方的粪箕多以竹或木制成，如《浦泖农咨》云："粪箕，竹为之"[②]，道光年间湖南《永州府志》也称当地"盛粪草者名粪箕，以竹为之"[③]，而北方地区的粪箕则大多是用荆条、柳条等编成的，光绪《顺天府志》记载某妇人"取杨柳枝劈，绩麻缕，编为粪箕，若汲水器，日易可数十钱"[④]。此外还有用牛皮纸制作的粪箕，比竹或木做成的更优，甚至"直可盛水不漏"[⑤]。

此外，宋代以降的南方水乡还有一种重要的肥料——河泥，获取河泥的过程被士人称作罱泥，罱泥所需的器具为小船和罱蒲，农家用来罱泥的小船在形制上一般比较小，在某些地方也被称为艓子，徐珂在《清稗类钞》中就记载过捞泥的船，"南中农隙，乡人辄掉小船于河，捞其泥……曰捞泥船"[⑥]，因为灵巧轻便的小船可以在罱泥时更加灵活的调转方向。罱泥用的夹子叫作罱蒲，是用竹篾编成的如同畚箕状的两个对合的器具[⑦]，

---

① （清）张宗法原著，邹介正等校释：《三农纪校释》，北京：农业出版社，1989年，第126页。

② （清）姜皋：《浦泖农咨》，《续修四库全书976 子部·农家类》，上海：上海古籍出版社，2002年，第217页。

③ （清）吕恩湛修：《永州府志》卷5上，清道光八年（1828年）刻本，第15a页。

④ （清）张之洞撰：光绪《顺天府志》卷110《人物志二十》，清光绪十二年（1886年）刻十五年重印本，第16a页。

⑤ 马宗申校注：《授时通考校注（第二册）》，北京：农业出版社，1992年，第273页。

⑥ （清）徐珂编撰：《清稗类钞》，北京：中华书局，2010年，第6085页。

⑦ （清）姜皋：《浦泖农咨》，《续修四库全书976 子部·农家类》，上海：上海古籍出版社，2002年，第217页。

然后用两个丈余长的竹竿作为柄，这种柄叫做罱篙（图4-6）。从事罱泥的农人通过用臂力控制两支罱篙便可操纵罱蒲的开阖，罱泥时，罱泥之人将两根分开的罱杆插入河底的淤泥中，然后两只手缓缓将罱篙夹住，从水中将夹满河泥的夹子提到船上，松开夹子，河泥便掉落在船舱中。船舱装满后便停靠到岸边，继而用杴把船舱中的河泥运送到备好的泥潭中或直接运送到田地里，杴是一种挖或铲东西的工具，由铁制成的铲子状的头和木柄组合而成，也有用木头制成铲状头的杴，《授时通考》称其"取灰取泥，用之尤便"[①]。

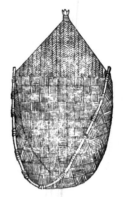

图4-5 《授时通考》中的粪箕

注：马宗申校注：《授时通考校注（第二册）》，北京：农业出版社，1992年，第272页。

图4-6 罱泥的工具

注：陈恒力编著：《补农书研究》，北京：中华书局，1958年，第134页。

二、肥料运输的器具

由于农民居住的村落与耕种田地之间尚有一定的距离[②]，如何把搜集、

---

① 马宗申校注：《授时通考校注（第二册）》，北京：农业出版社，1992年，第270页。

② 李埏认为，中国古代农家居住的村庄与田地间有一定距离，这个距离大约以两者之间往返的时间一个时辰的旅程为最大限度，李埏：《"耕作半径"刍说》，载李埏、李伯重、李伯杰：《走出书斋的史学》，杭州：浙江大学出版社，2012年，第53页。

积攒的肥料运输到农田里也是一个值得关注的问题，在传统时代肥料运输是项需要损耗大量体力的农活，所以农民大多是将肥料施入毗邻其住处的田地中，在宋代就流传着"近家无瘦田，遥田不富人"的俚语[①]。这种肥料向附近农田的运输多是农民用挑粪的方式来完成的，明代经营地主沈氏的"逐月事宜"里涉及肥料的农活中，"载壅"在好几个月份中都有出现，是仅次于罱泥的一项重要农事安排，如《耕织图》中的淤荫部分就绘有一个头戴斗笠的农民挑着粪水走在去往田间的小路上（图4-7），图4-8也是一个正在挑担粪水的清代妇女，以至沈氏严厉地告诫农民每年要修整田

图4-7　《耕织图》淤荫

注：（清）焦秉贞编：《康熙耕织图》，杭州：浙江人民美术出版社，2013年，第29页。

图4-8　清代外销画中的运粪妇女

注：王次澄等：《大英图书馆特藏中国清代外销画精华（第二卷）》，广州：广东人民出版社，2011年，第145页。

[①]（宋）陈旉著，万国鼎校注：《陈旉农书校注》，北京：农业出版社，1965年，第33页。

间的小埂，以便有利于"挑壅"等工作的进行①。据清人记载："载壅有粪桶，有料杓"②，粪桶多用木板箍成，每个粪桶对称的两侧的木板高出一部分，凿上眼，然后用藤条或竹条压弯来当做粪桶的系，加上一个简易的扁担，用来挑水粪。料杓即粪杓，用不易腐烂的木板箍成，用来浇灌人粪，料杓装有木制的把柄，而且为了防止液体肥料溅出，有时还会在粪桶上加上盖子，这种挑水粪粪田的场景在南方地区的农业生产中作用甚大，以至于张履祥告诫农民"凡农器不可不完好，不可不多备，以防忙时意外之需，粪桶尤甚"③，北方地区则多把大粪晒干后使用，挑干粪需要用粪筐来盛装，清人郭九会《田家》一诗中就有"日中把锄犁，日晡挑粪筐"的诗句④，另外，南北方的厩肥、垃圾等干性肥料有时也用粪筐运载到农田中。

　　虽然挑粪壅田是肥料运输的常见形式，但此种情况多发生在向近距离范围内的农圃或不便舟车的高田、山田等偏僻农田施肥时，在很多交通条件便利的地区，肥料的运输还是依赖于舟楫车马，在南方地区运输肥料的主要交通工具为船，徐光启曾说过："凡通水处，多肥饶，以粪壅便故"⑤，在清代的湖州甚至有"换粪出壅，皆用船载"⑥的情景。农家用来运粪的小舟构造较简单，"民间小船……或农家运载粪草，皆有底、无盖"⑦，被统称为"田料船"或"田装船"，但不同地区的粪船存在形制各异、大小不均的特点，很难给出统一的定义，《授时通考》根据王祯的分类法将用于运粪的船只划分为农舟、划船及野航三种类型。农舟即王祯所谓的农家之舟，它在形制上朴实而结实，可以载粮草等一切农家物资，载粪壅

① （清）张履祥辑补，陈恒力校释，王达参校、增订:《补农书校释》，北京：农业出版社，1983年，第74页。

② （清）周学浚撰:《湖州府志》卷33，同治十三年（1874年）刊本，第38a页。

③ （清）张履祥辑补，陈恒力校释，王达参校、增订:《补农书校释》，北京：农业出版社，1983年，第139页。

④ 宁业高，桑传贤选编:《中国历代农业诗歌选》，北京：农业出版社，1988年，第497页。

⑤ 朱维铮，李天纲主编:《徐光启全集·第六册》，上海：上海古籍出版社，2010年，第137页。

⑥ （清）周学浚撰:《湖州府志》卷33，同治十三年（1874年）刊本，第39b页。

⑦ （清）周凯纂修:《厦门志》卷5，清道光十九年（1839年）刊本，第25b页。

也是其一大功能，"当收粪时，即以此舟遍历城市，虚往实归，尤上农所亟"①（图4-9）；划船是一种短小轻便且易于拨进、掉转的农家小舟，别名"秧塌"，主要用来运送水稻的秧苗束，又可以在江南春夏之间，用此来夹取、贮存泥粪，以往所佃之地，这种船的特点是"泥中、草上，尤为顺快，水陆互用，便于农事"②，所以极适合用来运粪；野航也是一种田家日用的小渡舟，另被称作"舴艋"③，是一种摆渡船，在没有桥梁的村落与农田之间，于两岸之间架上一条绳索，由渡者自行牵引，便可以轻松地到达河流的对岸；这对于农家去河对面的农田中运送粪壤、禾束等物资，显得尤为便捷。

用船来运输粪壤的方式在地理上大多局限于江南水乡以及其他水运便利的地区，在缺少河湖水域或虽有水路但易受冬季冰封影响的北方地区或南方崎岖的山区，车便取代船成为了运输肥料的最重要工具，车甚至成为北方肥料的度量单位，农家者流经常在农书中用车来统计用粪的数量，如徐光启就曾通过自己的实地考察来记载晚明时各地区的用肥状况，在涉及北方地区的用肥数量之时略记载如下："北京城外，每亩用粪一车""京东人云，不论大田稻田，每顷用粪七车""济南每亩用杂粪三小车"等④，可见车在北方肥料运输中的重要性。《授时通考》的撰者结合王祯对车的论述，将用于运送粪壤的车辆划分为三类：大车、下泽车与推车。大车即郑玄所谓的平地任载之车。《授时通考》认为其"中原陆地，任重适远，惟恃此车，粪壤皆可载"⑤；下泽车也是一种用于田间载物的车，古时称其为"箱"，又呼作"板毂车"，它的特点是车轮并非由辐条制成，而是用厚厚

① 马宗申校注：《授时通考校注（第二册）》，北京：农业出版社，1992年，第265页。
② 马宗申校注：《授时通考校注（第二册）》，北京：农业出版社，1992年，第265-266页。
③ 马宗申校注：《授时通考校注（第二册）》，北京：农业出版社，1992年，第266页。
④ 朱维铮，李天纲主编：《徐光启全集（五）》，上海：上海古籍出版社，2010年，第441-444页。
⑤ 马宗申校注：《授时通考校注（第二册）》，北京：农业出版社，1992年，第267页。

的木板相拼接起来，然后锯成圆形，由于它没有辐条，所以可在"泥淖中，易于行转，了不沾塞"①，这为在泥泞的雨后送粪或为涝洼地施加粪壤提供了便捷，并解决了运粪时"冻解路淖，人力、车力均难施矣"的难题②。此外，《授时通考》中还载有一种未见于《王祯农书》的独轮推车，推车是一种简易的独轮平车，车上可"或盛四桶以载水，或盛二篓以载粪"③，这种独轮车体积较小且异常轻便，可在狭窄的乡间小路或崎岖的山路间行走，方便把粪运到梯田等高处田地或偏僻崎岖的山田中（图4-10）。

图 4-9 《授时通考》中的农舟

注：马宗申校注:《授时通考校注（第二册）》，北京：农业出版社，1992年，第264页。

图 4-10 《授时通考》中的推车

注：马宗申校注:《授时通考校注（第二册）》，北京：农业出版社，1992年，第268页。

---

① 马宗申校注:《授时通考校注（第二册）》，北京：农业出版社，1992年，第267-268页。

② （清）祁寯藻撰:《马首农言》，载王毓瑚辑:《秦晋农言》，北京：中华书局，1957年，第116页。

③ 马宗申校注:《授时通考校注（第二册）》，北京：农业出版社，1992年，第268页。

三、施肥的工具

不同类型的肥料对应着不同的施肥方式，相应地也就需要不同的器具来完成，大粪（人粪尿）是宋代以降施用在田地中的最主要肥料种类，其施肥的方式为用粪杓舀取粪桶中经过加水稀释的肥料来浇灌在作物秧苗或根茎上来施肥，对于浇粪的具体技术细节，从《耕织图》的淤荫图中即可看出，农夫手里拿着一个长柄的粪杓从粪桶里舀出水粪来给水稻秧田施肥（图 4–11），《农具记》中对此种施肥的粪桶和粪杓都有所说明，粪桶是"灌田之器，则有若桶，箍木为之，粪其田也"。粪杓是"有若杓，亦箍木如盂，置之柄首，佐桶为用也"[1]。但并非所有液体肥料的施用都需要用专门的、标准化的木柄粪杓，很多地区的农民就简单用破旧而不能舀水的水瓢来代替粪杓，《授时通考》的撰者就把瓢杯列为施肥工具，认为其"剖瓢为之……杯以挹水，农家便之。其损者以倾肥水，亦积粪所必需也。"[2]除水粪外，还有很多用干大粪或牲畜垫圈的堆肥来粪田的地区，用到的器具有杷，杷的主要作用是"锼剔块壤，疏去瓦砾，场圃之上，搂聚麦禾，拥积秸穗"[3]，竹杷可以在施肥时用来"以疏粪壤"[4]，即把粪筐或车中的干粪倒在田地上后，用竹杷来疏散开，以均匀地布满在整个田地的土壤耕作层上。在某些地区，种玉蜀黍时要采用轮种的方法，具体为"先将肥料运送田中，用粪箕散于旧年垄沟"[5]，就需要用到粪箕来撒粪。在某些农业发达的地区，还能利用粪耧来进行施肥，据曾雄生考证，粪耧在宋代时就已

---

[1]（清）陈玉璂：《农具记》，《续修四库全书 976 子部 农家类》，上海：上海古籍出版社，2002 年，第 623 页。

[2] 马宗申校注：《授时通考校注（第二册）》，北京：农业出版社，1992 年，第 273 页。

[3] 马宗申校注：《授时通考校注（第二册）》，北京：农业出版社，1992 年，第 270 页。

[4] 马宗申校注：《授时通考校注（第二册）》，北京：农业出版社，1992 年，第 271 页。

[5] 关定保等修，于云峰等纂：《安东县志》卷 6，民国二十年（1931 年）铅印本，第 15a 页。

被发明，因为北宋韩琦就有"雨过谁家用粪耧"的诗句[1]，粪耧施肥的具体过程为：在三角耧装种子的斗后面单独放一个筛子，盛着细粪（有时将其与蚕沙拌在一起）。播种的时候将耧沿着沟向前移动，种子落下，粪肥便覆盖到种子上[2]，能够同时完成开沟、播种、施肥、覆土4个工序，大大提高了工作的效率。粪耧一般用于种麦等旱地作物的播种，且因为粪耧不只像普通耧车那样使用种子，还需使用粪，所以加大了耧筒的负荷能力，因此有别于普通耧车的"小三箭"，粪耧在形制上是"大小三箭"[3]。

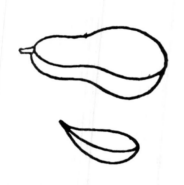

图4-11 《授时通考》中的粪瓢

注：马宗申校注：《授时通考校注（第二册）》，北京：农业出版社，1992年，第273页。

图4-12 《王祯农书》中的耘荡

注：（元）王祯著、王毓瑚校：《王祯农书》，北京：农业出版社，1981年，第233页。

绿肥是一种特殊的肥料，其肥效的发挥需要经过翻压掩青的步骤，即当野生或人工栽培的绿肥植物生长到一定阶段后，将其翻压在土里或水中来腐烂沤熟以发挥其肥效，在翻压掩青的过程中需要借助一定的农具。绿

---

[1] 曾雄生：《下粪耧种发明于宋代》，《中国科技史杂志》2005年第3期。

[2] （元）王祯著，王毓瑚校：《王祯农书》，北京：农业出版社，1981年，第212页。

[3] （清）祁寯藻撰：《马首农言》，载王毓瑚辑：《秦晋农言》，北京：中华书局，1957年，第117页。

肥主要被用作基肥，即在作物没有栽种之前，将生长在田中的绿肥作物和杂草翻压入土中，因此，翻压的主要农具是犁、耙和辊轴之类，这些工具同时也是农家整地常用的农具。此外，还有在作物已经生长后把杂草除掉掩在土里为作物追肥的办法，如王祯在《农器图谱》中记载了一种首先出现在江浙间的名为耘荡的新农具，其形状极似木屐，有一尺余长，约三寸宽，底下列有用二十多枚短的齿钉，上面有榫眼，用以贯穿竹柄（图4-12），在耘田时，农民将它"推荡禾垅间草泥，使之溷溺，则田可精熟"①，即将除掉的杂草堆埋在水稻的根旁泥土中，使之腐烂成为肥料。

此外，王祯还记载了一种能将杂草压入泥中化作肥料的农具——辊轴，它在江淮间撒播的稻田中经常被使用，俟水稻和杂草发芽后，用辊轴把稻秧和杂草一并碾压于泥土中，两天左右之后，水稻秧苗便会重新站立起来，而杂草则被碾压在泥中成为了水田的绿肥。②除此之外，还有施用其他肥料的农具，如撒草木灰要用到像篮子似的粪筐，《农具记》记载道："有若筐若篮，郭璞云，一器也，所以实灰土，使肥田也"③，还有在施用泥粪时需要用到的铁制杴。名为"铁刃杴"，这种器具的功能是"裁割田间塍埂，用之以泥粪者"④，具体操作方法是待到泥粪晒干以后，用铁刃杴将其割成方块状的小块，然后将其分布施用到农田里。

四、传统淤荫工具的特点及其没有得到发展的原因

农具史家周昕在《中国农具发展史》中对《授时通考》中的淤荫农具进行了抨击，他认为《授时通考》的著者将这些农具列入淤荫器具甚为不

---

① （元）王祯著，王毓瑚校：《王祯农书》，北京：农业出版社，1981年，第233页。

② （元）王祯著，王毓瑚校：《王祯农书》，北京：农业出版社，1981年，第249页。

③ （清）陈玉璂：《农具记》，《续修四库全书976 子部 农家类》，上海：上海古籍出版社，2002年，第623-624页。

④ 马宗申校注：《授时通考校注（第二册）》，北京：农业出版社，1992年，第270页。

妥，因为其中的大多数器具如农舟、大车、下泽车、独轮车、木枚、箕等，运粪和施肥只是它们的功能之一，它们并不是肥料的专用工具，甚至他认为"划船""竹杷"等农具则与淤荫完全无关，将这些农具归类到淤荫部分实属不当。① 周氏的批评是值得商榷的，和农舟等农具一样，划船这种被称为"秧塌"的农家小舟虽然主要的功能是用来运送水稻秧束，但也可以"用此箱贮泥粪"②，而竹杷尽管本是农家用于场圃树林间以杷取落叶、秸秆的农具，但也可以用来"执以拾粪"③，或施用干粪后用杷将成堆的粪肥在农田里遍布散开。一器多用原本就是我国传统农具最重要的特征之一，许多农具在稍加改造或甚至不做任何改变的情况下就可以直接用于许多其他的农活，如《授时通考》中提到畚就是"或负土，或盛物，通用器也"④，《梭山农谱》在介绍谷箕时也说"外有粪箕，形同"⑤，这说明装盛谷物的箕与粪箕是同一种农具，只是使用方式不同而已。清代罗泽南记载了一位施肥技术高超的"粪叟"，在论述到其所用的肥料器具时也仅说"其具有箕，有帚，有杓，有甕"⑥，全是一些通用类的农具，如果依照严格的"专用"的标准从古代去找寻专门用在肥料的农具，估计也着实找不出几件来。

从这个角度来说，《授时通考》"淤荫"部分的撰者对肥料农具也并无任何独到的发明或创新，他们所起的作用仅是将日用农具中可以兼用作收粪、运粪、施肥的器具做了说明与罗列，毕竟在《授时通考》编纂的年

---

① 周昕：《中国农具发展史》，济南：山东科学技术出版社，2005年，第788页。

② 马宗申校注：《授时通考校注（第二册）》，北京：农业出版社，1992年，第266页。

③ 马宗申校注：《授时通考校注（第二册）》，北京：农业出版社，1992年，第271页。

④ 马宗申校注：《授时通考校注（第二册）》，北京：农业出版社，1992年，第272页。

⑤ （清）刘应棠著，王毓瑚校：《梭山农谱》，北京：农业出版社，1960年，第34页。

⑥ （清）罗泽南：《粪叟传》，《续修四库全书 集部 总集类 国朝文汇》卷28，清宣统元年（1909年）上海国学扶轮社石印本，第6b页。

代，肥料问题已经成为整个农业生产中的突出问题而备受重视①，对肥料极端重视的这种社会背景也影响了《授时通考》的编纂者，鉴于在施肥器具部分从前人文献中找不到相关的资料用来直接照抄，所以他们不得不参照王祯等前辈农家者流对农具的相关论述，并结合当时农民的施肥实际，对能用在粪壅部分的农具做了自己的发挥，但在农具史的角度并没有新的发明与创新。实际上，很多学者都承认自王祯后，中国农具就开始走向没落，没有任何重大的创新，如白馥兰就认为"如果将《王祯农书》所描述的中古时期中国使用的农具与 20 世纪初期（甚至后期）仍然使用的农具进行比较，必然会得出这样的结论——1300 年至 1950 年间几乎没有产生重要的发明或改进"，珀金斯也认为"至少在 14 世纪以后，中国任何地方使用的工具都没有什么明显的变化"②。但他们并未对这种现象给出过多的解释，笔者试图借助上述的肥料农具，来谈点粗浅的管见。

首先，从农具知识层面来说，农家者流对知识照搬的兴趣要远远大于对知识生产的兴趣，王祯恢弘巨著《农器图谱》的耀眼光芒致使后世关注农业的士人在撰写农业器具时热衷于直接抄袭或引用王祯的论述，《授时通考》里的淤荫农具除独轮车外，其余基本均是按照《王祯农书》中的原有农具附会而来的，而且这种原封不动的抄袭还存在某些错讹，如虽然撰者在《授时通考》的文字部分给出了普通簸箕与粪箕的区别是"簸箕有舌，粪箕无舌"③，但在绘制的图像中，却仍然抄袭了有舌簸箕的图（图4-5），而不是农人在农业实践中所用的无舌粪箕。王祯作为一名读书人和帝国的行政官员，自身的农学知识与素养也较为匮乏，比如他认为在当时有些是新技术的农具其实在前代就业已出现，而且作为一名被徐光启讥讽为"诗学胜于农学"的士人，他对某些复杂机械的内部结构自己都不是很清楚，这导致对于较为简单的农具，他能够说明白其中所蕴之原理，并绘制出详细的局部结构图；但对于结构稍微复杂的机械，则不能很好地

① 杜新豪：《传统社会肥料问题研究综述》，《中国史研究动态》2015 年第 6 期。
② ［美］珀金斯著，宋海文等译：《中国农业的发展（1368—1968）》，上海：上海译文出版社，1984 年，第 68 页。
③ 马宗申校注：《授时通考校注（第二册）》，北京：农业出版社，1992 年，第273 页。

描述其原理，亦不能够绘出清晰的结构图，只能模仿类似《耕织图》那般的绘画手法，把机械带入生产与生活的场景中（如涉及农舟、划船和野航等农具时那样），企图来淡化其构造技术的部分。正如白馥兰在评价历代《耕织图》在技术传播中所起的作用时说的那样，"虽然大量细节在他的绘图中得到准确地描述，可图画只是固定场景：他们绘制的耕犁是埋在泥里的，织布机通常被墙挡住了；他们通过老妪和狗来刻画幸福的安定生活……几乎不包含技术信息"①。

其次，从农业实践的角度来看，明清时期传统农户家庭资产甚是匮乏，而农具价格又较为昂贵，根据李伯重的统计，19世纪初松江农户每年用在农具折旧和维修上的开支大约相当于1石米，相当于该地区农民应缴纳地租的10%，是一笔不可忽视的开支②。新农具通常以省力、高效为主要特征，明清以来随着人口的迅速增殖，在彼时的农业生产中甚至面临着劳动力过剩的严峻问题，这也导致了人们对能够节省劳动的工具之研发表现不出浓厚的兴趣，而当时尖锐的人地矛盾，使得农民人均只能获得很少的耕地，小块的土地使得他们能够将其打理的如同园圃般精细，也不需要另外添置高效的农具。在这种情况下，因为资本的匮乏和人力资源的富余，明清时期甚至在农具上出现了倒退的现象，如在整地时，被视作落后象征的铁塔取代了较为先进的江东犁，③更遑论在农具方面有所发展。

---

① ［英］白馥兰，呼思乐译，吴彤校：《帝国设计：前现代中国的技术绘图和统治》，载李砚祖主编：《艺术与科学（卷九）》，北京：清华大学出版社，2009年，第7页。

② 李伯重：《19世纪初期松江农民经济中的农具》，载复旦大学历史系编：《江南与中外交流》，上海：复旦大学出版社，2009年，第261–262页。

③ 曾雄生：《从江东犁到铁塔：9世纪到19世纪江南的缩影》，《中国经济史研究》2003年第1期。

第五章

制肥技术中的"农业炼丹术"

——以徐光启著述中记载的"粪丹"为中心

> 王龙阳传粪丹法，每亩用成丹一升。
>
> ——（明）徐光启《农书草稿》

　　笔者在第三章中已深入探讨肥料搜集对农业施肥的重要性，但即使对于粪多力勤的"上农"而言，有时仍难免会遇到"然勤矣，苟无制粪之法，亦徒劳也"的尴尬情形[1]，肥料制作技术是肥料技术史研究中一个重要的问题，传统肥料在经过制作之后能从数量和质量两方面转变为更上成的优质肥料，既避免了其本身的缺点又能增强肥力。宋代以降特别是明清时期，农民在制肥技术上有了明显的突破，据记载当时的制粪方法有诸多种，"有踏粪法、有窖粪法、有蒸粪法、有酿粪法、有煨粪法、有煮粪法"[2]，农民在制肥工艺上有很大进展，前贤对宋至清代农民在制肥技术上的改进与进步已有诸多论述，此处不赘[3]，本章节拟重点讨论士人知识阶

---

① （清）孙宅揆撰：《教稼书》，载王毓瑚辑：《区种十种》，北京：财政经济出版社，1955年，第47页。

② （明）袁黄：《宝坻劝农书》，载郑守森等校注：《宝坻劝农书·渠阳水利·山居琐言》，北京：中国农业出版社，2000年，第27页。

③ 主要成果参见曹隆恭：《肥料史话（修订本）》，第32—39、57—61页；李伯重：《江南农业的发展（1620—1850）》，第55页。

层在肥料制作过程中的努力。

珀金斯在其极具影响力的，关于明初直至中华人民共和国成立后 600 年间中国农业研究的力作《中国农业的发展（1368—1968）》中认为：在 1957 年之前，中国人口的增长与单位面积投入劳力的增加是农业产量得以增长的主要原因，而农业技术在这漫长的时间中却基本没发生变化，技术对农业增产的贡献甚微。但他意识到在肥料技术领域似乎出现了某种程度的进步，并大加赞赏地认为："豆饼中潜藏的肥料的发现，确实是技术普遍停滞景象中的一个例外"①。其实珀金斯并不知晓，早在明代就有一批士人在从事世界上最早对浓缩肥料——"粪丹"的尝试性研究工作，其在肥料技术史上的地位要远远超过珀金斯所推崇的对豆饼中潜藏肥料的发现与饼肥的使用。但由于此项技术几乎没有被应用于农业生产实践中，而没有进入到经济史家的研究视野；同时，受英雄史观与只重视伟大技术发明的辉格史编史学的影响，一项没被应用的、"失败"的技术发明也不会引起科技史家的兴趣，所以致使粪丹这项技术上的创新被前辈学者有意或无意地遗忘，仅在文章不显眼处抑或注脚中偶有提及，并无专门、系统论述这项技术的研究成果出现。② 本章节拟从技术社会史的角度对这项"失败"的技术发明进行审视与研究，厘清粪丹的制造技术与其思想理论来源，分析促使它出现的社会推动力，同时对其在农业生产中没有得到应用的原因进行简要分析，以期对以往只关注在实践中成功应用的技术发明的辉格技术史进行某种程度的祛魅。

---

① ［美］珀金斯著，宋海文等译：《中国农业的发展（1368—1968）》，上海：上海译文出版社，1984年，第90页。

② 曹隆恭、游修龄、李伯重、曾雄生等诸位先生在著作中对粪丹都有所提及，目前关于粪丹最为详细的研究成果即是周广西的《论徐光启在肥料科技方面的贡献》，在文章第二部分中论及徐光启研制的粪丹，认为徐氏的粪丹思想是受到医学药方的影响，具有"复合肥料"之思想萌芽，但并未进行进一步的解读。本文初稿曾在 2013 年年底南昌的"明清以来的农业农村农民"学术研讨会上宣读，并收于会后由江西人民出版社出版的会议论文集中，韩国农史学家崔德卿教授在 2014 年 8 月的《中国农史》上发表《明代江南地区的复合肥料：粪丹的出现及其背景》一文，文中也对笔者的这篇文章进行了引用。

一、晚明文献中的粪丹

徐光启的《农书草稿》(又称《北耕录》)是目前发现的唯一记载"粪丹"这项技术的文献,此书记录徐氏在天津垦种的心得,又兼及工艺之事,众人皆以为其已佚失。清康熙年间,徐光启的后嗣徐春芳发现此书草稿,并将其呈给他的表叔许缵曾,许氏"择行楷数纸涂改无多、易于成诵者"装横成帙,称为《农书草稿》,其实此书便是徐氏的《北耕录》。[①] 此书中有八篇记载肥料与施肥方法的文字,被胡道静誉为"古典农书论肥料学者,此称第一矣"[②],其中有三篇即是对粪丹这种不见于它处所载的技术做了详细的记载与说明。

徐光启记载了先前或同时代的曾做过龙阳知县的王淦烁(即王龙阳)[③] 与徽州一带的士人吴云将所炼制的粪丹,阐明他们炼制粪丹所使用的原材料及炼制方法,并对其功效及使用方法做了简单的叙述,原文兹抄录于下:

　　王淦烁传粪丹:干大粪三斗 麻糁三斗或麻饼如无,用麻子、黑豆三斗,炒一、煮一、生一,鸽粪三斗。如无,用鸡鹅鸭粪亦可,黑矾六升,槐子二升,砒信五觔,用牛羊之类皆可,鱼亦可。猪脏二副,或一副,挫碎,将退猪水或牲畜血,不拘多寡,和匀一处入坑中,或缸内,泥封口。夏月日晒沤发三七日,余月用顶口火养三七日,晾干打碎为末,随子种同下。一全料可上地一顷,极发苗稼。[④]

---

① 朱维铮、李天纲主编:《徐光启全集(五)》,上海:上海古籍出版社,2010年,第 437 页。

② 胡道静:《徐光启农学三书题记》,《中国农史》1983 年第 3 期,第 51 页。

③ 王淦烁,山西岳阳(今临汾)和川镇人,据康熙《龙阳县志》、雍正《岳阳县志》可知,他是万历三十二年(1604 年)的岁贡,于万历四十五年(1617 年)任龙阳知县,此外并无其他关于他的资料,亦不清楚徐光启是从何渠道了解到他的粪丹制作方法。

④ 朱维铮、李天纲主编:《徐光启全集(五)》,上海:上海古籍出版社,2010年,第 454 页。

吴云将传粪丹：于黄山顶上作过。麻饼二百斤，猪脏一两副，信十斤，干大粪一担，或浓粪二石，退猪水一担，大缸埋土中，入前料斟酌下粪，与水令渍之，得所盖定。又用土盖过四十九日，开看上生毛即成矣。挹取黑水用帚洒田中，亩不过半升，不得多用。[①]

同时，徐光启还记载了他本人在王、吴二人的基础上所研制的改良型粪丹，详述其具体原料与制作之方法：

自拟粪丹：砒一斤，黑料豆三斗。炒一斗，煮一斗，生一斗。

鸟粪、鸡鸭粪、鸟兽肠胃等，或麻秕豆饼等约三五石拌和，置砖池中。晒二十一日，须封密不走气，下要不漏，用缸亦好。若冬春月，用火煨七日，各取出入种中耩上，每一斗可当大粪十石。但着此粪后，就须三日后浇灌，不然恐大热烧坏种也。用人粪牛马粪造之，皆可。造成之粪就可做丹头，后力薄再加药豆末。用硫黄亦似可，须试之。[②]

从以上三则文献资料中可以看出，所谓粪丹即是利用植物、动物、矿物和粪便等按照一定比例混合所制成的复合肥料，配置所需的原料大多是人畜粪便、麻子和黑豆等粮食作物，以及动物尸体、内脏、血水、退毛水等，有时还加以砒霜、黑矾、硫黄之类的无机物。将这些原料经过密封、加热腐熟等处理，施用在田地中。古文献中与粪丹相类似的肥料之记载还有耿荫楼在《国脉民天》中记载的"料粪"，其制作方式记载于下：

每配一料，大黑豆一斗，大麻子一斗，炒半熟碾碎，加石砒细末五两，上好人、羊、犬粪一石，鸽粪五升，拌匀。遇和暖时，放瓷缸内封严固，埋地下四十日，取出，喷水令到晒至极熟，加上好好土一石拌匀，共成两石两斗五升五两之数，是全一料也。每地一小亩止用

---

① 朱维铮，李天纲主编：《徐光启全集（五）》，上海：上海古籍出版社，2010年，第455页。

② 朱维铮，李天纲主编：《徐光启全集（五）》，上海：上海古籍出版社，2010年，第446—447页。

五斗，与种子拌匀齐下，耐旱杀虫，其收自倍。如无大麻子，多加黑豆、麻饼或小麻子或棉子饼俱可，如无鸽粪，鸡鸭粪亦可，其各色糠皮、豆渣俱可入粪，每亩止用五斗，一料可粪田四亩五分。第一年如此，第二年每亩用四斗，第三年止用三斗，以后俱三斗矣。如地厚再减，地薄再加，加减随地厚薄，在人活法为之。如无力之家，难辨前粪，止将上好土团成块，砌成窖，内用柴草将土烧极红，待冷，碾碎与柴草灰拌匀，用水湿遍，放一两日，出过火毒，每烧过土一石，加细粪五斗拌匀。[①]

　　耿荫楼与徐光启大致是同时代的人，徐光启的《北耕录》应是徐氏在天津屯垦之时所撰，时间大约在 1617—1621 年，而耿氏的《国脉民天》写成于 1630 年，两书成稿的时间相差并不是很久，但由于徐氏的《北耕录》在清康熙年间之前只作为一沓被埋没的草稿而没有刊印出来，所以二人的新型复合肥料都应是独立研制的，并不存在参考与承袭的问题，这也似乎暗示着，高效复合肥料的研制在当时已是众多农学家与关心农业的士人所共同关注的重要议题。

二、"粪药说"、炼丹术与古农法：粪丹思想的理论来源

　　"粪丹"一词由"粪"和"丹"两个汉字所组成，粪是中国古代对农业生产上所用之肥料的统称，而丹则是指古代道家与药学家炼制的"丹药"，从粪丹的词源上即可看出它的出现与中国古代农学、医学、炼丹术乃至道家学说甚至哲学思想都有着密切的关系。

　　中国古代的士人知识阶层大多推崇"天人合一"的理念，类比方法是深受士人们所青睐的一种思维方式，如他们把人体比作小型宇宙，或比

---

① （明）耿荫楼：《国脉民天》，《续修四库全书 976 子部・农家类》，上海：上海古籍出版社，2002 年，第 620–621 页。

作井然有序的等级社会，把治病的药材按照封建社会的等级分为君、臣、佐、使，同样，在农学领域，农家者流也把土地比喻为个体的人，把种地称作"治地"，^① 丰饶的土壤被视作机体健康的人，而贫瘠、生产力低下的土地便被视为"病人"，从而需要使用肥料等"药物"来进行调摄与治疗。宋代农学家陈旉在此基础上更明确地提出用粪如用药的"粪药说"，陈旉认为："土壤气脉，其类不一，肥沃硗埆，美恶不同，治之各有宜也。……虽土壤异宜，皆可成就。"而治地的关键在于用粪这种药物来调理，"皆相视其土之性类，以所宜粪而粪之，斯得其理矣。俚谚谓之粪药，以言用粪犹药也。"^② "粪药说"主张使用粪肥像中医治病使用药材一样：首先要对症下药，对不同类型土地需要用不同的粪肥，"地性有驿刚、坟壤、咸潟之异，故取用者亦有牛、羊、鹿、豕之不同，皆所以助其种之生气，以变易地气，则薄可使厚，过可使和，而稼之所获必倍常"^③；其次，需要像对中药材进行炮制那样来对粪肥进行处理，因为人的粪便在腐熟过程中会产生热量，不但会灼伤农作物，甚至会出现"损人脚手，成疮病难疗"^④ 的严重后果，宋代以后的农学家一般都建议施用前要先行在粪屋、土坑或窖中进行发酵；另外，还需要对粪肥的用量进行把握，不可多用，由于用粪过多而烧死作物或令作物徒茎叶繁茂而不结实的记载在史料中甚为常见。"粪药说"明确主张把为人治病的医药学引入为土地治疗的农学中，是促使"粪丹"思想出现的一个理论来源之一。

炼丹术是"粪丹"思想出现的另一个理论来源，炼丹术是由很早的采矿和冶金所脱离出来的一门学科，虽然大多内容仅在道教内部流传，但是它却对世俗科技产生了重要的影响，同时也对中国古代士人的思想产生很

---

① "治"在古代首先体现在对国家治理上，表示统治或恢复秩序，其后医家便将其用在身体的比喻上，"治地"是农学家的用语，即是对"疾病"、贫瘠、低产土地的治理，使其丰产。

② （宋）陈旉著，万国鼎校注：《陈旉农书校注》，北京：农业出版社，1965年，第33—34页。

③ （清）吴邦庆撰，许道龄校：《畿辅河道水利丛书》，北京：农业出版社，1964年，第520页。

④ （宋）陈旉著，万国鼎校注：《陈旉农书校注》，北京：农业出版社，1965年，第45页。

大的影响，促使他们去用炼丹术的思想来探究外界事物，而粪丹的研制正是起源于"粪药说"和中国古代炼丹思想的结合。古代外丹术有两种含义：一是炼制长生不老或包治百病的丹药，二是在贱金属中加入某些发酵的贵金属"酵母"，而使得贱金属变为昂贵的真金白银。传统肥料有体积大而单位面积含有的肥效较少的缺点，这样每块田地在施肥时就要使用很多的肥料，不但运输传统肥料会消耗农民的很多体力，而且施肥过程也大大不便，这便促使古代农学家思考是否可以像炼丹那样，通过特殊的配置过程来研制出极具肥效的"丹粪"，仅用一点便能起到很大的作用，于是他们便兢兢业业地投入炼制高效肥料的实验中。粪丹炼制过程与炼丹术有很多相似之处，很显然粪丹是仿照炼丹术的技术所制造的，它们都需使用一定的设备，炼丹术用丹炉、丹鼎，而粪丹炼制需要缸、窖或砖池；都需要一些促使事物性质产生变化的"酵素"，如炼丹术中的丹砂、粪丹中的粪便由于热量大也很适合作为酵母，而动物的骨头因为具有"又云用牛马猪羊骨屑之，每一斗当粪百石，以壅水田"[①] 这般强的肥效，也适合当做炼制粪丹的一种酵素或酵母；[②] 都需要对一定物质进行定量、配伍的融合，炼丹术也会用一些具体称重的不同物质来配合，如水银、雄黄等，而粪丹也是用鸽粪、豆饼、动物尸体之类的按比例配合；都需要对物质进行密封，用火加热等方式来进行催化，如炼丹术中就有"养火七日""酢煮""曝干七遍"等处理方式，而粪丹炼制中也有"火养三七日""晾干""火煨七日"等工序，甚至炼制粪丹对火候的要求也如炼制丹药一般，王湘烁传粪丹中提及的"顶口火""丹头"，原本就是炼丹术的专有词汇。

从农学方面来说，粪丹是在先前肥料制造技术的基础上发展起来的，其制造方法与浓缩肥料的思想显然受到堆沤肥技术的影响。堆沤肥是一种由诸种物质、堆积腐败而成的肥料，只要是一切可以利用的植物、动物和矿物可以腐烂发酵当作肥料的都可利用，二者的不同是堆肥靠诸物堆积发热腐熟，而沤肥则是在淹水条件下由微生物进行嫌气分解而达到腐熟的目

---

① 朱维铮，李天纲主编：《徐光启全集（五）》，上海：上海古籍出版社，2010年，第443页。

② 复合肥料中以某种物质为酵母的思想中外皆有之，阿拉伯古农学认为人的小便或血液是粪肥的一种酵母。

的。堆沤肥至迟在南宋就已开始应用于农业，陈旉的《农书》便记载这种肥料及其所用的物质，称"凡扫除之土，烧燃之灰，簸扬之糠粃，断稿落叶，积而焚之，沃以粪汁，积之既久，不觉其多。"[①] 堆沤肥通过对肥料进行腐熟、发酵等处理，极大地提高了肥效。虽然此类造肥技术早已有之，但复杂配方浓缩肥料的炼制却当从明代袁黄开始，袁黄于万历年间在北直隶宝坻任县令时期，撰写《劝农书》，书中提及熟粪法，自称此法也是得自于古书，他建议用火煮粪，这样可使作物耐旱，具体方法是：把各种动物的骨头和粪便同煮，牛粪便加入牛骨煮，马粪加入马骨同煮，人粪便可以加入人的头发代替骨头来煮；第二步是把田内的土壤晒干后，把用鹅肠草、黄蒿、苍耳子草三种植物烧成灰，拌入到土中；然后在土上撒入煮的熟粪水，晒干后用些粪土盖之。在这种田地里中的庄稼很是丰收，能达到"其利百倍"的效果，据说可以达到亩收三十石的高产。[②] 袁黄的熟粪法比堆沤肥制作有两大进步：首先，它引入了几种具体的制作物质，而堆沤肥的配方比较杂乱，任何有肥力的东西都可以利用；其次，袁氏用火来人为地对肥料进行加热，提高了温度，缩短了成肥的时间，使得原本需要三五个月腐熟的肥料可以随时煮随时使用。在明代，还有一种液态浓缩肥料，称之为"金汁"，其肥效与熟粪法制成的肥料大致相同，但这种肥料的制作过程比较繁琐，须数年而成。毫无疑问，粪丹就是在堆沤肥、熟粪法与金汁的基础上制成的更高效的肥料，只是粪丹在师承这些技术的同时又有了某些改进，不但有了具体的配比材料，还对各种原料有了严格的定量。

从上面的叙述中可以看出，徐氏书中记载的"粪丹"在思想上显然受到前人的许多影响，其中作为最典型的代表当属陈旉与袁黄，二人不但皆为著名农学家，而且都受到道家思想的深刻影响，陈旉在其《农书》中自称为"西山隐居全真子"，并在序言中多次提及精通炼丹术的葛洪与陶弘景；袁黄对术数极为精通，曾撰写过关于道教内丹术的著作《摄生三要》及《祈嗣真诠》，所以他们有了把农学与炼丹术融合的条件，徐光启正是

---

① （宋）陈旉著，万国鼎校注：《陈旉农书校注》，北京：农业出版社，1965年，第34页。

② （明）袁黄：《宝坻劝农书》，载郑守森等校注：《宝坻劝农书·渠阳水利·山居琐言》，北京：中国农业出版社，2000年，第7-8页。

在此基础上又进一步，融合"粪药说"、炼丹术以及古代农家者流的农学思想，制造出"粪丹"这种新型肥料的。

以现代科学的视角来审视，粪丹炼制材料的选取是极具见地的，既有人、畜、禽类的粪肥与动物内脏、尸体的杂肥，又有富含有机质和氮素的黑豆、麻子等饼肥，同时还含有砒信等无机肥料，不但使得混合后养分含量极高，而且还兼有防治害虫的效果。粪丹炼制过程中还通过人工加热来促进粪肥腐熟的速度，不但可以避免生粪下地对庄稼造成的危害，还可以促进养分的快速分解以增加肥效。粪丹在炼制的过程中很注意对肥效的保存，提倡用窖或大缸来保留肥气，防治肥效的丢失。在材料配比方面，粪丹也是很讲究的，提倡使用鸽粪或鸟粪，是因为家禽类粪便的肥效远远高于家畜，而且鸽粪还有杀虫的功效。但是在西方近代科学传来之前的古代中国，关于粪丹炼制过程中各类材料不同比例的选入与配比，是有某种自身特殊意义的。例如对于《周礼》中建议的"凡粪种骍刚用牛，赤缇用羊，坟壤用麋，渴泽用鹿，咸潟用貆，勃壤用狐，埴垆用豕，强㯺用蕡，轻爂用犬"施肥法，现代人往往摸不着头脑，认为很荒唐，但古人的解释却显示古代农学自身对化土施肥的看法：古人认为，骍刚者，色赤而行刚也，牛属土，其粪和缓，故用化刚土；赤缇者，色赤而性如缇，谓薄也，羊属金，其粪燥密，故治薄土。……犬属火，其性轻佻，故以化黏土，[1] 氾胜之在《氾胜之书》中施肥的"溲种法"中也接受了此种方法，他建议在种子外面裹上一层根据土壤类型所选用的不同动物的骨头所煮成的汁，袁黄也十分崇尚这种本骨用本发同煮的方法，在古代阿拉伯地区，也存在此类现象，阿拉伯古农家认为，把葡萄叶烧成灰拌在人的粪便中，这样制成的肥料用在葡萄上很有效，其他的各种叶子的灰烬也是它所属的那种植物最好的肥料，如棕榈树叶的灰烬是棕榈树最好的肥料，[2] 这种观点或许是受到交感巫术思想的影响。炼制粪丹所使用的原料是古人根据自

---

① （明）袁黄：《宝坻劝农书》，载郑守森等校注：《宝坻劝农书·渠阳水利·山居琐言》，北京：中国农业出版社，2000年，第26页。

② ［美］Daniel Varisco, Zibl and Zirā'a: Coming to Terms with Manure in Arab Agriculture. in Manure Matters: Historical, Archaeological and Ethnographic Perspectives, Edited by Richard Jones, Ashgate, 2012, p135–136.

身所掌握的阴阳、五行等术数理论来选用、搭配的，绝对不仅仅是随意的组合。

三、粪丹出现的社会背景

粪丹出现在明代后期是有特殊背景的，它不是由个别农学家心血来潮而研制的新奇玩意，而是由当时强烈的社会需求所推动的。面对明代后期社会生齿日繁而地不加广的现象，如何从有限的土地上夺取更多的收获就变得成社会各界所面临的重要议题，为了增加粮食产量，农民开始加大对肥料的投入，使得肥料成为一种稀缺的资源，而传统肥料自身的缺点在此时也有了被修正的必要和契机，炼制粪丹正是知识分子层面对这些社会问题的一种尝试性应对措施。

宋代开始，江南地区就走上了一条集约化的农业发展道路，其中肥料技术便扮演了重要的角色。从南宋《陈旉农书》中就可以看出当时江南人们对肥料收集、保存的重视，元代《王祯农书》中记载了苗粪、泥粪、火粪等诸多种江南农业上常使用的肥料，还提出了"惜粪如惜金"的概念。明清之时，江南的肥料技术在前代之基础上又有了重大的突破，甚至有学人断定在从明代中期到清代中前期这段时间内，江南地区出现了一场农业领域的"肥料革命"[1]，虽然这种提法有点夸大，但彼时江南的施肥技术确实出现了比较大的进展。

随着江南地区施肥的精细化与肥料技术的进步，农民有时不但会在种植大田作物之前在土地上先施用基肥，江南土著农民称为"垫底"，而且有时还会在作物生长的过程中继续施加追肥，土人称为"接力"。同时，明清时期，江南地区桑、棉等获利甚大的商业作物排挤着传统作物水稻的种植空间，纺织业的发达使得桑争稻田、棉争粮田的现象愈演愈烈，在有些地区甚至90%的耕地都被用来种植棉花，而粮食却只能依靠外地输

---

[1] 李伯重著，王湘云译：《江南农业的发展：1620—1850》，上海：上海古籍出版社，2007年，第53–57页。

入，^①据李伯重估计，棉对肥料的需求量并不少于水稻，而桑树对肥料的需求量则是水稻的好几倍。^②加上明末时候还没有大量的来自满洲的大豆和豆饼被运输来供应江南农业生产，豆饼价格又很昂贵，所以江南农人特别是财力不足的"下农"经常陷入肥料缺乏中。多方搜集肥料一直是明末江南农民在日常生活中所重要的活动，明末清初的《沈氏农书》在按照月份所进行的农事中，就充满"罱泥""罱田泥""窖垃圾""窖磨路""买粪""窖花草""买粪谢桑""买牛壅磨路平望""挑河泥""租窖各镇""换灰粪"等涉及肥料的农事安排，可见其对肥料搜集的艰辛。^③即使在这种强度积肥的情况下，肥料的需求依然得不到满足，而导致有些地区地力在逐渐下降，嘉庆时，松江人钦善的《松问》中记载："八十以上老农之言曰：'往昔肤苗，亩三石粟；近日肤苗，亩三斗谷。泽草内犹是，昔厚今薄，地气使然'。"^④其实这就是因为肥料不足所致的地力下降，也即是清人姜皋所言的"暗荒"。

同时，华北地区的农业生产在明代亦有了一定程度的进步。特别是明代中叶以后，随着社会的稳定与人口的增长，经济发展水平逐渐提高，人地矛盾开始凸显，两年三熟制开始在华北逐渐形成。^⑤两年三熟制比起一年一熟制对土地所造成的压力要大，显然需要补充更多的肥料来恢复地力。当时华北有些地区施肥量也颇大，如"北京城外，每亩用粪一车""京东人云，不论大田稻田，每顷用粪七车""京东永年等处，大田用杂鸡马等粪，或沤草，每亩二十石""山东东昌用杂粪，每亩一大车，约四十石""济南每亩用杂粪三小车，约十五六石""真定人云：每亩壅二三

① ［法］魏丕信著，徐建青译：《18世纪中国的官僚制度与荒政》，南京：江苏人民出版社，2003年，第147页。
② 李伯重：《发展与制约——明清江南生产力研究》，台北：联经出版事业股份有限公司，2002年，第310页。
③ （清）张履祥辑补，陈恒力校释，王达参校、增订：《补农书校释（增订本）》，北京：农业出版社，1983年，第11–24页。
④ （清）贺长龄：《皇朝经世文编（第一函）》卷28，光绪己亥年，中西书局校阅石印本。
⑤ 李令福：《明清山东农业地理》，台北：五南图书出版有限公司，2000年，第406–413页。

大车"。① 在华北的某些地区，还形成了超级高超的用肥技术，如徐光启笔下记载的山西，"山西人种植勤用粪，其柴草灰谓之火灰。大粪不可多得，则用麦秸及诸糠穗之属，掘一大坑实之，引雨水或河水灌满沤之，令恒湿。至春初翻倒一遍，候发热过，取起壅田"②。新经济作物棉花也在明代被引入到华北地区并得到迅速的扩展，在明末山东，棉花"六府皆有之，东昌尤多，商人贸于四方，其利甚博"③，而河北等地也在明末广泛种植棉花，甚至于在比较落后的地区，如冀州和滦州，也都于嘉靖和万历年间开始植棉。④ 棉花比起其他旱地作物需要投入更多数量的肥料，尤其是在漫长的开花与吐絮时期对肥料的需求更大。华北的棉花施肥技术亦十分先进，多用熟粪壅棉田，这样能使得"势缓而力厚，虽多无害"，而甚至比同时代的松江地区更为先进，因为"南土无之（熟粪），大都用水粪、豆饼、草秽、生泥四物"⑤。作物轮作制度的变化与新经济作物的广泛种植，大大加剧了华北对肥料的需求，由于肥料不足，陈年炕土、多年墙壁甚至熏土肥料等含养分少得可怜的东西都被拿来用做肥料，比如旧墙土中的有效氮素含量仅有 0.1%，可见华北地区对肥料的缺乏程度。

南北方同时对肥料的缺乏是导致以徐光启为代表的士人试图发明高效肥料的原因之一，另一个重要的原因则是传统肥料的弊端也越来越凸显出来。传统肥料体积大，肥料所含的肥效不高，导致每亩地需要很多的肥料，运输起来极为麻烦。如"南土壅稻，每亩约用水粪十石"⑥，按明清一

① 朱维铮，李天纲主编：《徐光启全集（五）》，上海：上海古籍出版社，2010年，第441–444页。
② 朱维铮，李天纲主编：《徐光启全集（五）》，上海：上海古籍出版社，2010年，第446页。
③ （明）袁宗儒等修：《山东通志》卷8，嘉靖十二年（1533年）刻本，第4b页。
④ 黄宗智：《华北的小农经济与社会变迁》，北京：中华书局，2000年，第115页。
⑤ 朱维铮，李天纲主编：《徐光启全集（五）》，上海：上海古籍出版社，2010年，第416页。
⑥ 朱维铮，李天纲主编：《徐光启全集（五）》，上海：上海古籍出版社，2010年，第441页。

石等于今 120 市斤，那么明清一亩稻地①就需要 1 200 市斤的水粪，即使按照对明清江南普通农户经营规模最模糊的估计"人耕十亩"的标准来计算，即便采用"三年一壅"的最落后的施肥原则，每个劳动力每年也得把 4 000 市斤的肥料运送到农田中，这需要极大的劳动消耗。所以历代耕织图里都把"淤荫"视作农作的重要一环，历代《淤荫图》所附的诗词或竹枝词中作者都感慨运、施肥这项农活的劳累，如南宋皇帝为淤荫图题诗曰："敢望稼如云，工夫盖如许"②，清代康熙帝也在《御制耕织图》的淤荫图上题曰："从来土沃籍农勤，丰歉皆由用力分。剃草撒灰滋地利，心期千亩稼如云。"③由于挑粪、施肥工作的艰辛，所以经常会出现靠近村落的农田使用粪肥多，而有些离居处较远的田地由于人力成本的稀缺，而不得不少施肥甚至近于抛荒的现象，即俚语所谓的"近家无瘦田，遥田不富人"，对这种现象，徐光启也有认识，他认为："田附郭多肥饶，以粪多故。村落中居民稠密处亦然"④。明清两代传统肥料价格的高昂，加之粪肥运输对人力要求过于苛刻，所以导致肥料的危机与地力下降，如明末经营地主沈氏在其《农书》中抱怨："近来粪价贵，人工贵，载取费力……"⑤，正是这种情况的一个体现。虽然大豆、麻、棉花等果实榨油后剩余的枯饼是一种重要的肥料，具有单位体积含养分多的特点，包含比其他肥料多很多的对作物生长重要的氮肥，而且可以快速地被施用到土壤中，堪称现代化肥发明前最先进的肥料。豆饼具有替代传统肥料的技术优势，但是其价格不菲，一般只有雄厚资本的"上农"和自耕农才可以用得起，而贫农只能赊欠来使用，或利用其他肥料代替，明代的《便民图纂》中的下壅

---

① 明清江南 1 亩约为今 0.92 市亩，据李伯重著，王湘云译《江南农业的发展：1620—1850》，上海：上海古籍出版社，2007 年，《若干说明》第 2 页。

② 王红谊主编:《中国古代耕织图》下册，北京：红旗出版社，2009 年，第 355 页。

③ 王红谊主编:《中国古代耕织图》上册，北京：红旗出版社，2009 年，第 136 页。

④ 朱维铮，李天纲主编:《徐光启全集（六）》，上海：上海古籍出版社，2010 年，第 137 页。

⑤ （清）张履祥辑补，陈恒力校释，王达参校、增订:《补农书校释（增订本）》，北京：农业出版社，1983 年，第 62 页。

图附的竹枝词中就暗示了彼时豆饼价格的昂贵，诗曰："稻禾全靠粪浇根，豆饼河泥下得匀。要利还须着本做，多收还是本多人"①。而且豆饼可以作为家畜的饲料甚至在荒年可以当做贫苦人的食物，这样尽管豆饼具有比传统肥料更好的肥效，但是由于经济原因而未能成为传统肥料的代替品，肥料危机和传统肥料的自身缺点，使得士人们思索如何能制取肥效既高体积又小，而且价格也可以接受的高效肥料。

同时，明代农业实践中的一些制粪方法也给士人提供了一定的启发，徐光启在《粪壅规则》里记载了一种"浙东人用大粪炼成焦泥"的民间制粪技术，使用这种肥料来壅菜，"每畦菜止用一升"②，这种浓缩的肥料引起了徐光启的极大兴趣，或许通过对当地农民的询问或实地调查，他得到了这种制粪法的更详细的技术细节，并将这种方法写入此书的后面的章节中：

> 浙东人多用焦泥作壅，盖于六七月中塍岸上锄草，带泥晒干，堆积煨成灰也。此能杀虫除草作肥。浙西人法又稍异。如前煨既烬，加大粪炼成剂作堆。堆上开窝，候干又入粪窝中，数次候干。种菜每科用一撮即肥。明年无草田底，种稻尤佳。作此须于高地上，此堆下土基掘起一二尺，用之亦大能作肥也。③

毫无疑问的是，这种用杂草、焦泥和大粪通过燃烧加热制作成的既能壅田又能杀虫的肥料是引起了人们的注意，它"每科用一撮""每畦菜止用一升"的浓缩性质正好可以弥补传统肥料体积大肥效低的缺陷，引起了士人的强烈兴趣，士大夫们试图用它为原型融合炼金术等学说，研制出一种更为有效的肥料来缓解肥料缺乏的情况。

---

① （明）邝璠著，石声汉，康成懿校注：《便民图纂》，北京：农业出版社，1982年，第6页。
② 朱维铮，李天纲主编：《徐光启全集（五）》，上海：上海古籍出版社，2010年，第443页。
③ 朱维铮，李天纲主编：《徐光启全集（五）》，上海：上海古籍出版社，2010年，第445页。

四、粪丹的失败及其原因

以徐光启为代表的士大夫们倾注了极大心血来研制粪丹这种新型的浓缩肥料，据称它具有相当高的肥效，徐光启称用王龙阳的方法炼制的粪丹来施肥，每亩仅需要用成丹一升即足够，而吴云将的粪丹更是"亩不过半升"，这似乎比同时期肥料技术先进的江南地区的水稻施肥"每亩约用水粪十石"的庞大数量少得多。但是即便有这样的显著优势，粪丹在当时似乎也并没有被投入到实际使用中，更遑论取代传统肥料。粪丹的制法和工艺仅仅在徐光启的草稿中存有吉光片羽，后来的士人与农学家甚至没有人记录或提及过粪丹。传统肥料依旧处在供应危机中，小农依然"惜粪如金"，勤勤恳恳地收集着一切可以当作肥料的东西。粪丹的方法虽然没有被下层农民所接受而用在大田作物的种植中，但是其主要方法与思想却在上层士人的层面流传，在清代观赏花卉的谱录中，很多处都与粪丹类似的浓缩肥料思想的体现，如《艺菊新编》中的酿粪部分与《艺菊琐言》中的肥料部分都记载了与粪丹制作方法类似的制肥法，同时从事园艺业的学者们还把粪便、淘米水、洗鱼水等各类东西放在缸中密封发酵，"臭过变清"再用作肥料，取名为"金汁"，此法与吴云将制作粪丹的方法也极为类似。

粪丹没有流传在文献上可能归咎于《北耕录》存于徐光启长房孙所，徐光启的门生陈子龙等在整理《农政全书》的刊印之时没有将其收录，直至清康熙年间才发现，这可能是粪丹没有流传的文本原因之一。[①] 但作为一种制作高效肥料的方法，粪丹没有被应用在农业实践中应该是受到多方面条件所制约的。阻碍粪丹在实践中发挥作用的原因首先应该是经济问题，制造粪丹需要极多的原料，如猪脏，还需要极高的条件，如"火养三七日""用火煨七日"等，小农没有足够的原料和燃料，这些要求都难以做到；其次，为了保存肥效，粪窖或大缸是制造粪丹的重要器具之一，但这种设备都是大型的，在当时的条件下，小农由于受经济条件所限，也

---

① 胡道静：《徐光启农学三书题记》，《中国农史》1983 年第 3 期，第 51–52 页。

难以置办到；① 再次，小农在技术上喜欢因陋就简，而制造粪丹的程序极其繁琐、复杂，从制作到使用需要花费大量的精力与时间，这些原因都使粪丹与实践脱节，而仅仅停留在学者士人思辨的层面上，其思想也仅在精细的名贵花卉的培壅上略有体现。同时，粪丹的失败或许也可以从其技术的本身来寻找原因，首先粪丹是种浓缩肥料，根据"随子种同下""入种中耩上""用帚洒田中"等施肥方法和"亩不过半升""每亩用成丹一升"的用量可知粪丹是一种种肥②，明代后期，全国作物以水稻为大宗，时人宋应星有言："今天下育民人者，稻居什七"③，水稻在育秧时壅秧田的肥料大都是比较温和的，如"撒种，盖以稻草灰"④ 或"罱泥铺面，而后撒种"⑤，从粪丹炼制所使用的干大粪、浓粪、豆饼等原料可见它是一种烈性肥料，徐光启在制造粪丹时就曾建议"着此粪后，就须三日后浇灌，不然恐大热烧坏种也"⑥，普通百姓更是无法预料使用后的是否会不甚烧坏秧苗，毕竟当时农业施肥中因为施肥过多而烧杀苗的情况屡见不鲜，这或许也是粪丹没得到应用的最重要的技术原因之一：其次，在种子上或播种时直接施肥的农法在《氾胜之书》与《齐民要术》等早期时代曾大受欢迎，主要目的是为了保证出苗，但此种方法在后世逐渐不受重视，因为后代施肥不只是为了出苗，而主要是为了保持农作物的后期生长，换言之，在明代的农田施肥中起主要作用的是基肥和追肥，种肥所起的作用不大，即使使用了种肥后，在作物生长的后期仍需要添加肥料来施肥（如当时最重要的水稻，大田里使用的基肥和追肥才是最重要的，在秧田撒种时用不用种

---

① 曹隆恭：《肥料史话（修订本）》，北京：农业出版社，1984年，第61页。

② 朱维铮，李天纲主编：《徐光启全集（五）》，上海：上海古籍出版社，2010年，第444–455页。

③（明）宋应星著，钟广言注释：《天工开物》，广州：广东人民出版社，1976年，第11页。

④（明）陈继儒：《致富奇书》卷1《浸种》，杭州：浙江人民美术出版社，2016年，第3页。

⑤（清）张履祥辑补，陈恒力校释，王达参校、增订：《补农书校释》，北京：农业出版社，1983年，第67页。

⑥ 朱维铮，李天纲主编：《徐光启全集（五）》，上海：上海古籍出版社，2010年，第447页。

肥都不太重要），种肥自身所起的意义不大；再次，宋代以降，农学家在施肥方法上一直坚持的是还原论的原则，主张不同的作物对肥料有着不同的需求，陈旉就认为："土壤气脉，其类不一，肥沃硗埆，美恶不同，治之各有宜也。"[①] 王祯也认为擅于种庄稼的人在施肥时应 "相其各处地理所宜而用之"[②]，而徐光启基于自己反对风土论的强烈立场，认为各地区只有气候寒暖的不同，而不同地方的土地则没有不同，即 "第其中亦有不宜者，则是寒暖相违，天气所绝，无关于地"[③]，在这种思想的影响下，他试图用综合论的方法来制作 "粪丹" 这种对一切土质的田地都可用的 "万能肥料"，这在当时也是不能被农家者流与普通百姓所接受的。

---

① （宋）陈旉著，万国鼎校注：《陈旉农书校注》，北京：农业出版社，1965年，第33页。

② （元）王祯撰，缪启愉，缪桂龙译注：《东鲁王氏农书译注》，上海：上海古籍出版社，2008年，第64页。

③ 朱维铮，李天纲主编：《徐光启全集（六）》，上海：上海古籍出版社，2010年，第48页。

第六章

士人与肥料知识的传播

——以江南与华北农业区的技术流动为中心

> 曹土浮薄，民间农务不勤，粪力视江、浙仅六之一；视济、兖亦仅三之一。
>
> ——康熙《曹州志》

李伯重认为，在农业生产领域，衡量技术进步的最重要指标不是某种新技术的首次发明，而是这种新技术在实际的农业生产中被应用的程度。他认为明清时的诸多农业技术，虽然早在明代之前就业已出现，但只有到明清时期才被广泛应用在农业生产实践中，这是促使明清江南农业发展的一个重要因素。[①] 在肥料史领域，周广西在其关于明清肥料技术研究的博士论文中也倾向于认为明清时期各地区间频繁的肥料技术交流，使"更好的技术"能从先进地区传播到落后地区，肥料技术的普及与推广，在一定程度上弥补了彼时肥料技术创新不足的缺陷。[②] 显然，前代出现的肥料技术创新在明清时期被广泛应用在农业实践中，是当时肥料技术水平得以提升的重要原因。从肥料技术最初在某个地区由某个人或某些人发明，到这

---

① 李伯重著，王湘云译：《江南农业的发展：1620—1850》，上海：上海古籍出版社，2007年，第45—46页。

② 周广西：《明清时期中国传统肥料技术研究》，南京：南京农业大学博士学位论文，2006年，第70—71页。

项新技术被在大尺度的空间范围内得到广泛应用，中间显然是需要经过技术传播的环节，所以研究肥料技术传播的方式与途径是研究这段时期肥料历史所无法绕过的核心问题。

在中国古代农业技术传播过程中，士人毫无疑问是传播新技术的主要力量，士人的宦游经历与官员的轮换制度使其能经常穿梭于不同的农业区，而其固有的劝课农桑的职责又会使他们留心于农业技术，能够及时把某些新农业技术传播到较为落后的地区。加上他们编纂了诸多的农书与农学手册，所以流传下来的资料亦比较丰富，这样考察他们在农业技术传播中的作用也就显得比较容易。相对而言，在传统时代，农民的活动范围则比较狭窄，周围定期的集市基本能满足他们日常生活的几乎所有需求，很少进行长距离的迁徙与移动。[①] 所以尽管农民在农业实践中摸索出很多新的经验，但他们只能在近距离传播给同乡的人，不能跨越较远的地理距离进行传播，只有通过士人为中介才能传入到其他需要此技术的地区。所以，在本章节中，我们主要探讨士人在宋代以降的肥料技术传播中所起的作用。

元代以降，以北京为首都的华北地区成为封建帝国的政治中心，但帝国的经济中心却处于遥远的江南，皇室、官僚机构以及畿辅地区驻扎军队等组成的庞大人口，使京师的粮食供应无法完全依赖于其周围的农业落后区，只能采取漕运策略从富庶的江南来获取漕粮以满足其对粮食的需求，明清时期，每年平均从江南运至京城的漕粮在数量上就有 300 万~400 万石，这对江南地区的社会经济产生了深远影响，沉重的漕粮负担使江南的农人苦不堪言，也让很多江南籍的官吏与士人对神京北峙，而财富却全仰于东南漕粮的现状甚为不满，从而促使他们尝试在农业落后的畿辅地区发展农业生产，希望提高京畿的粮食自给能力，以相应减轻压在江南人们肩上的漕粮负担，[②] 他们坚信"惟西北有一石之入，则东南省数石之输，所

---

① 移民除外，移民在迁徙的过程中也会把农业技术带到迁入的地区，虽然有时这种传播所起的作用很大，但几乎所有的由移民进行的农业技术传播都没有确切的文献记载，所以不好判断。

② 杜新豪，曾雄生：《〈宝坻劝农书〉与江南农学知识的北传》，《农业考古》2014 年第 6 期。

入渐富，则所省渐多"的信条，[1] 并千方百计地把江南的农业技术传到华北地区，其中，肥料知识与技术也是这次农业技术传播中的重要一环。

一、江南肥料技术向华北传播之原因

宋代以降，江南的农业就走上了一条精耕细作的道路，肥料技术在其中扮演了核心之角色，宋代成书于江南的《陈旉农书》中就提到江南人们在收集肥料之时"凡扫除之土，烧燃之灰，簸扬之糠粃，断稿落叶，积而焚之，沃以粪汁，积之既久，不觉其多"，并在"农居之侧，必置粪屋"来储存其收集的肥料[2]，可见当时江南农人对肥料的重视及对肥料积制的用心；元代王祯的《农书》中记载当时江南肥料种类有苗粪、草粪、火粪、泥粪等，认为江南肥料技术相对北方很先进，号召北方农人来效仿江南农民的积粪方法[3]；明清时江南地区的肥料技术在前代基础上又有了跨越式的发展，这种发展趋势使得某些学者倾向于认为在明代中期到清代中前期这段时间内，在江南地区的农业生产领域里出现了一场"肥料革命"[4]。

明清江南肥料技术的发展主要表现在两方面：一是先前发明的先进肥料技术在这段时期被广泛的应用，即很多在宋元时发明的新肥料技术没有在其发明的初期得到推广，只有到了明清时期才得到广泛的应用，产生了

---

① （清）吴邦庆辑，许道龄校：《畿辅河道水利丛书》，北京：农业出版社，1964年，第124页。

② （宋）陈旉著，万国鼎校注：《陈旉农书校注》，北京：农业出版社，1965年，第34页。

③ （元）王祯著，缪启愉译注：《东鲁王氏农书译注》，上海：上海古籍出版社，1994年，第477–479页。

④ 李伯重著，王湘云译：《江南农业的发展：1620—1850》，上海：上海古籍出版社，2007年，第53–57页。所有中外学者都承认明清江南肥料技术的进步，但关于是否达到了所谓"肥料革命"的程度，学者们则意见不一，彭慕兰支持此提法，黄宗智、王加华、薛涌等否认此观点，薛涌曾著专文质疑"肥料革命"的真实性。

更大范围的影响；二是这段时期内肥料技术的进步，主要体现以下几个方面。一是肥料的来源进一步的扩大，肥料种类在前代的基础上有了大幅度的增加，宋元时的肥料种类只有 60 多种，明末徐光启在其《农书草稿》的"广粪壤"篇中则记载了 80 多条肥料，可分为 10 类大约 120 种，而清代据记载肥料种类已达到 125 种[1]；二是施肥技术的提高，农民已经能够准确地根据不同土地类型、不同的时间与庄稼不同的生长期来施用各种不同的肥料，形成了"土宜""时宜""物宜"的施肥"三宜"原则；在肥料积制方面，农人也能娴熟地把不同的肥料根据不同的需要进行混合，其中，比较有代表性的有把家畜粪和垫圈材料混合起来的厩肥与磨路，秸秆、绿肥、河泥等汇聚人畜粪形成的沤肥，还有把河泥与粪便或草搅拌成的泥肥，这样的搭配更增大了肥力。肥料技术的这些进步不但增加了每茬作物的产量收成，还对进一步促进种植制度的转变起了重大作用，使得稻麦两熟制和双季稻的种植范围在地域上得到进一步的扩展与普及。

许多江南的士人在宦游南北的过程中目睹了以畿辅地区为主的北方对肥料的忽视态度，让他们甚为震惊。明代福建人谢肇淛来到华北后，惊诧地记载道："今大江以北人家，不复作厕矣"[2]，到达北京后，更是看到"京师住宅既逼窄无余地，市上又多粪秽"的景象[3]，其实，这种感觉并不是谢肇淛所独有的，明末士人屠隆也说北京城内："马屎，和沙土，雨过淖泞没鞍膝"[4]。虽然在明代京城里已经有专门为富贵人家清理粪秽以赚钱为生的"治溷生"[5]，但普通老百姓仍然是不设厕所，每日到街巷中随意大小便。[6] 而至迟在南宋时期，江南的临安城中就已出现了专门清除粪便卖给

① 林蒲田：《我国古代土壤科技概述》，华南涟源地区农校，1983 年，第 77 页。
② （明）谢肇淛：《五杂组》，上海：上海书店出版社，2009 年，第 58 页。
③ （明）谢肇淛：《五杂组》，上海：上海书店出版社，2009 年，第 26 页。
④ 朱剑心选注；王云五，丁毂音，张寄岫主编：《晚明小品文选 第4册》，上海：商务印书馆，第 274 页。
⑤ （明）童轩：《治溷生传》，雷群明编著：《明代散文》，上海：上海书店出版社，2000 年，第 138-139 页。
⑥ 邱仲麟：《风尘、街壤与气味——明清北京的生活环境与士人的帝都印象》，载刘永华主编：《中国社会文化史读本》，北京：北京大学出版社，2011 年，第 450-454 页。

农民做肥料的"倾脚头"，而且早在宋代便有农民进城收拾垃圾来肥田，城市居民皆用马桶来盛粪便以卖钱，更遑论有马粪而不去捡而任由其弃之于地，对于笃信"惜粪如金"教条的江南人们来说，北方城市街头上常见的人畜粪便简直是暴殄天物。非但在城市，在农业生产的中心场地——农村，华北地区对人畜粪便、垃圾等肥料的忽视也令人震惊，万历年间江南嘉善籍的士人袁黄赴宝坻县任县令，来到此地后，所见的情景令他十分惊诧，这里农民养的猪、羊等牲畜都是散养在外，任其任意排泄粪便而并不收集做肥料，而在他的家乡江南嘉善，明代时已十分注重养猪积粪，《沈氏农书》就用农谚来说明养猪、养羊在积肥方面的重要性，"古人云：种田不养猪，秀才不读书，必无成功。则养猪羊乃作家第一著"[①]，并认为猪粪极其适合用作稻田的施肥，不但自家圈养猪，而且甚至还去距离住处百里远的市镇购买"猪灰"作为肥料，[②] 这种南北方对肥料重视的差异程度令他叹息北方："弃粪不收，殊为可惜"。早在元代，王祯就看见南方田家早已建设砖窖来窖粪，并倡议北方农民学习这种方法[③]，而在明代的宝坻，仍然是不收粪，导致"街道不净，地气多秽，井水多盐。使人清气日微，而浊气日盛。"[④] 对比起其家乡嘉善的精细的肥料技术，让袁黄叹息北方肥料技术甚为落后，这种认为华北肥料技术落后的观点被很多江南籍的士人、官员所认同，甚至连农学家徐光启也认为北方肥料技术极其落后，在其著作《农政全书》中，在摘抄完王祯的粪车收集肥料的条目之后，他写道："北土不用粪壤，作此甚有益"[⑤]。为了改变漕运仰食江南的局面，减轻江南农民的负担，江南籍士人便想把家乡江南的先进肥料技术传入北方，来改变北方地区农业落后的局面，促进华北地区经济的恢复和发展。

---

① （清）张履祥辑补，陈恒力校释，王达参校、增订：《补农书校释（增订本）》，北京：农业出版社，1983年，第62页。

② （清）张履祥辑补，陈恒力校释，王达参校、增订：《补农书校释（增订本）》，北京：农业出版社，1983年，第64页。

③ （元）王祯著，王毓瑚校：《王祯农书》，北京：农业出版社，1981年，第37页。

④ 郑守森等校注：《宝坻劝农书·渠阳水利·山居琐言》，北京：中国农业出版社，2000年，第27页。

⑤ 朱维铮、李天纲主编：《徐光启全集（六）》，上海：上海古籍出版社，2010年，第140页。

他们教民树艺、著书立说，来大力传播江南的肥料知识。

二、江南肥料技术向华北流动、传播之过程

在论述这场由士人主导的肥料技术从江南向华北流动的具体过程之前，我们先来阐释下古代士人农学知识的获取途径，因为这可以更好地理解士人在农业知识传播过程中的作用。贾思勰在谈及他撰写《齐民要术》的知识来源时说："今采捃经传，爰及歌谣，询之老成，验之行事"[1]，这句话精准地揭示出古代士人农学知识获取的三种途径，即士人的农学知识大致有三种来源：第一种是通过阅读前人的相关农业论著来间接获取的农学知识，即贾氏所说的"采捃经传"，第二种是通过士人自身的农学实践与实验来"格物致知"的获取知识，即所谓的"验之行事"，第三种是通过搜集民间行之有效的农业实践经验或请教于有长期从事农业生产的老农，即"爰及歌谣，询之老成"。下面主要以晚明的袁黄和清代的黄可润、吴邦庆为例，来分析士人如何将江南的肥料技术传播到华北地区。

袁黄（1533—1606），字坤仪，号了凡，嘉兴府嘉善人，万历十六年（1588 年）授顺天府宝坻县知县，作为一个从饭稻羹鱼的江南水乡[2]来华北地区任职的官员，很容易感受到南北方农业上的差异，鉴于宝坻地区农业生产技术的落后，他便试图以家乡的先进技术为蓝本来改变宝坻落后的农业状况，于是他便"开疏沽道，引庘潮流于县郡东南的壶芦窝等邨，教民种稻，刊书一卷，详言插莳之法"[3]，他关于江南肥料知识的传播都集中在其劝农著作《宝坻劝农书·粪壤第七》中。在此篇中，他积极把当时江南的肥料技术向宝坻父老传授：在肥料种类方面，他在《陈旉农书》与

---

[1]（北魏）贾思勰著，缪启愉校释：《齐民要术校释》，北京：中国农业出版社，1998 年，第 18 页。

[2] 袁黄所出生的浙江嘉善县是明清时期最典型的水稻县，万历八年（1580 年）丈量土地，此县水田占到耕地总面积的 98.2%。

[3]（清）吴邦庆：《畿辅河道水利丛书·水利营田图说》，北京：农业出版社，1964 年，第 240 页。

《王祯农书》的相关记载的基础上对苗粪、火粪、毛粪、灰粪、泥粪等江南常用的肥料种类逐一进行详细阐述，叙述其收集方法及肥效，并仔细向宝坻县的父老们解说江南农民是如何使用这些肥料的，"火粪者……江南每削带泥草根，成堆而焚之，极暖田""灰粪者，灶中之灰，南方皆用壅田，又下曰水冷，亦有用石灰为粪，使土暖而苗易发。"① 同时还结合当时江南的施肥方法，直接给北方施肥提出建议，"泥粪者，江南田家，河港内乘船，以竹为稔，挟取青泥，锹拨岸上，凝定裁成块子，担开用之。北方河内泥多，取之尤便，或和粪内用，或和草皆妙。"并在前人基础上提出了自己的原创新见解，认为泥粪"最中和而有益，故为第一也"② ；在肥料积制技术上，他首次给传统的制粪方法命名，把制粪的方法归纳为踏粪法、窖粪法、蒸粪法、酿粪法、煨粪法、煮粪法，企图通过给杂乱无章的制肥技术命名的方法来帮助宝坻的父老快速记住这些技术，这种措施在一定程度上方便了技术的扩散与传播。他还用南方常用的"踏粪法"来教导宝坻的乡民，"南方农家凡养牛、羊、豕属，每日出灰于栏中，使之践踏，有烂草、腐柴，皆拾而投之足下。……北方猪、羊皆散放，弃粪不收，殊为可惜。"③ 在谈及窖粪的时候，说南方积粪如宝，但北方"惟不收粪，故街道不净，地气多秽，井水多盐。"④ 并就此提出了解决的办法，那就是"须当照江南之例，各家皆制坑厕，满则出而窖之，家中不能立窖者，田首亦可置窖。"⑤ 并把不用的废弃物全部扔到地窖中发酵，等到粪熟之后再施用在田地中；在施肥技术上，袁黄把江南土人称之为"接力"的追肥技术介绍到宝坻县，这对于不善使用追肥的北方人们来说是个重要的

---

① 郑守森等校注：《宝坻劝农书·渠阳水利·山居琐言》，北京：中国农业出版社，2000年，第27页。

② 郑守森等校注：《宝坻劝农书·渠阳水利·山居琐言》，北京：中国农业出版社，2000年，第27页。

③ 郑守森等校注：《宝坻劝农书·渠阳水利·山居琐言》，北京：中国农业出版社，2000年，第27页。

④ 郑守森等校注：《宝坻劝农书·渠阳水利·山居琐言》，北京：中国农业出版社，2000年，第27页。

⑤ 郑守森等校注：《宝坻劝农书·渠阳水利·山居琐言》，北京：中国农业出版社，2000年，第27页。

突破，因为追肥的使用可以在作物底肥耗尽之时，继续补充肥力来提供作物生长所需的养分，但袁黄过分强调重视基肥，对追肥的作用却并没有太在意，他认为追肥虽然可以起到滋苗的作用，但用量不当也会导致"徒使苗枝畅茂而实不繁"的不良后果，所以他告诫宝坻父老在使用追肥之时要仔细斟酌，[①] 这可能与当时江南追肥使用技术亦不高的现实有关系。

　　除了把其家乡江南农民正在农业生产实践中使用的肥料技术传授给宝坻百姓之外，袁黄还在《宝坻劝农书》第三章关于田制的部分向当地农人传授一种他自称得自"方外道流"的煮粪法，具体方法是把每种动物的粪便与其骨头放在锅中一起煮，"牛粪用牛骨，马粪用马骨之类，人粪无骨则入发少许代之，"然后把鹅肠草、黄蒿、苍耳子草3种植物烧成灰同土、熟粪搅拌，最后把混合物中洒上煮粪的汁，晒干后就能当肥料用，这种经过人工操作用火煮熟的粪便比在自然界中缓慢发酵的堆肥成肥速度快，而且还避免了堆肥在自然腐熟过程中因日晒风吹所造成的养料损失，再加上苍耳子、鹅肠草等具有一定杀虫的功效，据称是一种极其有效的肥料，袁黄曾亲自试验，用这种方法做肥料的农田一亩可收粮食30石。并且他还试图把此法在宝坻推广用之，"今边上山坡之地，此法最宜，可以尽地力，可以限胡马。"[②] 这种方法虽然据袁黄所说是他在"方外道流"得到的秘方，但其实可能是一种通过阅读古人的关于农业的论著来获取的一种肥料知识，袁黄在《劝农书》中承认煮粪的方法是他考自《周礼》，其实便是《周礼·地官·草人》中的"凡粪种，骍刚用牛，赤缇用羊，坟壤用麋，渴泽用鹿，咸潟用貆，勃壤用狐，埴垆用豕，强㯺用蕡，轻㯺用犬"的施肥法。[③] 汉代经学家郑玄解释"粪种"的涵义便是通过煮不同动物的骨汁来渍种的种肥法，其实这种理解是错误的，"粪种"施肥法应该是仅指利用不同的肥料来针对不同类型的土地施肥的方法[④]，郑玄之所以搞错的

① 郑守森等校注：《宝坻劝农书·渠阳水利·山居琐言》，北京：中国农业出版社，2000年，第28页。

② 郑守森等校注：《宝坻劝农书·渠阳水利·山居琐言》，北京：中国农业出版社，2000年，第8页。

③ 崔记维校点：《周礼》，沈阳：辽宁教育出版社，2000年，第35页。

④ 黄中业：《"粪种"解》，《历史研究》1980年第5期。

原因是他把当时农书《氾胜之书》中的处理种子的"溲种法"与《周礼》中的"粪种"法混为一谈了，《氾胜之书》中有种特殊的处理种子的方法，具体是"取马骨，剉；一石以三石水煮之。三沸，漉去滓，以汁渍附子五枚。三四日，去附子，以汁和蚕矢羊矢等分，挠，令洞洞如稠粥。先种二十日时，以溲种，如麦饭状。——常天旱燥时溲之，立干。——薄布，数挠，令易干。明日，复溲。——天阴雨，则勿溲。六七溲而止。辄曝。谨藏，勿令复湿。至可种时，以余汁溲而种之，则禾稼不蝗虫。"① 即"溲种法"，就是用马骨来煮汁，加上药材附子浸泡，然后用蚕粪和羊粪放在煮的汁里搅拌，再把这种肥料作为包衣包裹住种子，即可种植，不但可以起到种肥作用，给幼苗的生长以养分，还能提高种子的抗虫害和保墒的能力。在这种方法中，煮的骨汁中其实不含有骨头中最重要的肥料——磷肥，只起了粘合种子与包衣的作用。但袁黄并没搞清楚其中的玄机，他通过阅读古人的农书，把《周礼》中的郑玄的注释与《氾胜之书》的施肥方法相结合，创造出用骨头加粪便来煮汁的方法，认为这样能够使得肥效大增，可他设计的"煮粪"的方法，目的是制作一种基肥而不是种肥，根本不需要骨头的汁液来做粘合剂，所以袁黄在读古农书的时候对古人的想法进行了错误的"解码"，其所制作的肥料也不见得有多大的实际肥效。

黄可润（1708—1764），字泽夫，号壶溪，福建龙溪县人，乾隆己未年（1739年）进士，② 历任华北地区无极、大城、宣化等县的知县，官至直隶河间府知府。作为一个成长于福建龙溪这个"犁锄之用视吴楚不相远""农粪田甚力"③ 的农业环境中的士人，他对北方农业的落后感到十分震惊，在北方任职的一二十年间，他对华北的农业之改造付出了诸多心血。黄可润认为"兴北方水利，以省漕运之烦，而留东南之米以济荒饥、平谷价，是当今第一切务"④，所以积极将南方的农学知识传播到北方。针对畿辅地区"沙薄之地甚多，又四五月不得雨，惟临河及有井者可以浇

---

① 石声汉：《氾胜之书今释（初稿）》，北京：科学出版社，1956年，第11页。
② （清）黄可润：《畿辅见闻录》，清乾隆十九年（1754年）璞园刻本。
③ （明）杜思修，林魁纂：嘉靖《龙溪县志》卷1《地理》，明嘉靖刻本，第25b页。
④ （清）黄可润：《畿辅见闻录》，清乾隆十九年（1754年）璞园刻本，第21b页。

灌，余禾稼多受伤”的情况，他主动将“闽浙贫民以此为粮”而直隶没有种植的甘薯引入到畿辅地区，在任无极县令时，他就曾写信给家人通过“海艘至天津转寄任所”的方式得到薯藤数筐①；调任大城后，针对“大城洼下，凿井不深便有水，然皆土井，一二年则淤”的弊端，他建议农民不必用砖来铺砌井壁，可以“如南方以木板代之，木得水可支十余年”②。黄氏对畿辅地区的肥料技术也用力甚多，在知大城县后，他发现此间的土壤十分贫瘠，甚至很多农民对“用粪之利无闻焉”③，于是便召集当地里老，向他们讲述“南方土薄者用肥土或粪培之，可化为良田”的粪壤知识，并鼓励当地农民“地力不足当用人力以补之”④。首先他号召大城的农民仿照南方的罱河泥技术，推着小车“以近河者去河淤之土，近村者取村沟之土，近城市者取城濠街巷之土”，然后将收集的泥粪施加在田园中，这样不但可以粪田，同时还可以清除河里的淤塞以兴水利；其次，他将南方的“石窖贮粪”的积粪方法告诉当地农民，并让他们也能通过此类方法来为农田施肥广集粪壤；此外，他还在在该地区传授客土法，即通过“将近地膏腴者开沟堑将土覆薄地”的方法，来给贫瘠的田地添加肥沃的客土，以增进其地力，获得更大产出。⑤

不仅有类似于袁黄、黄可润这种江南籍官员来华北地区大力推广、传播江南肥料技术的情况，还有一部分华北地区土著的士人自身感受到南北方在肥料技术的巨大差异，主动将江南之肥料技术引入华北，期冀增强华北地区的农业生产能力，在这方面，清代士人吴邦庆是个极好的范例。吴邦庆（1765—1848），字霁峰，顺天霸州人，他在年少时就十分关注农业生产，曾把从古农书里看到的种稻方法与当地农民的种稻实践相互验证，觉得二者有诸多相合之处，遂把在阅读古农书时发现的一些实用的种田方法用家乡方言告诉当地农民，经试验后甚有成效。他历任安徽、福建、湖

---

① （清）黄可润：《种薯》，载（清）徐栋辑：《牧令书辑要》卷3《农桑》，同治七年（1868年）江苏书局刻本，第30页。
② （清）黄可润：《畿辅见闻录》，清乾隆十九年（1754年）璞园刻本，第23b页。
③ （清）黄可润：《畿辅见闻录》，清乾隆十九年（1754年）璞园刻本，第26a页。
④ （清）黄可润：《畿辅见闻录》，清乾隆十九年（1754年）璞园刻本，第26a页。
⑤ （清）黄可润：《畿辅见闻录》，清乾隆十九年（1754年）璞园刻本，第26a页。

南等地巡抚，在宦游南北时便有把江南农业技术传到华北的志向。他把古农书中种稻技艺或有用于华北农业生产的所有技术分为九个门类，摘录并加入自己的一些心得与评介，辑成《泽农要录》一书，希望北方能利用此书像江南一样来发展水稻种植业。在肥料技术方面，他搜集了历代几乎所有的农书中的施肥方法与肥料积制技术之章节，并命名为"培壅第七"，他不但引用《王祯农书·农桑通诀》中南北方对比的语句"南方治田之家，常于田头置砖槛窖，熟后而用之，其田甚美。北方农家亦宜效此，利可十倍"[1]，来劝说北方的农民仿效江南设立砖窖积攒肥料，在论及《天工开物》里肥料技术的时候，还引用宋应星语："南方磨绿豆粉者，取溲浆灌田，肥甚。豆贱之时，撒黄豆于田，一粒烂土方三寸，得谷之息倍焉。"[2]来劝说北方农民在施肥上要舍得投入，利用绿豆或黄豆来壅田。他不但利用从古农书里学来的知识教授华北的农民施肥，而且还把自身在江南农田中观察到的施肥方法传入华北地区，以提高北方的技术水平，"往见江南田圃之间，亦有舀粪清浇灌苗蔬者，岂亦古之遗法欤？北方则惟壅粪苗根，无汁浇者矣。"[3]他认为江南的这种施肥法是先进的，而北方农民却丝毫不知晓舀浇清粪来施肥的办法，只知道用干粪来培壅苗根，相比南方在技术上显得相对落后。

三、肥料技术传播的效果及影响肥料技术传播的因素

当时袁黄在宝坻境内广泛传播其《劝农书》，并且制定了行政奖赏刺激的政策来倡导农民模仿其中的南方农业技术，"里老之下，人给一册。

---

① （清）吴邦庆辑，许道龄校：《畿辅河道水利丛书》，《泽农要录》，北京：农业出版社，1964年，第523页。

② （清）吴邦庆辑，许道龄校：《畿辅河道水利丛书》，《泽农要录》，北京：农业出版社，1964年，第524页。

③ （清）吴邦庆辑，许道龄校：《畿辅河道水利丛书》，《泽农要录》，北京：农业出版社，1964年，第520页。

有能遵行者，免其杂差。"① 所以其技术传播在当时取得了良好的效果，史称"民尊信其说，踊跃相劝。"② 黄可润在大城县传播的肥料技术也起了一定的效果，据称"富室多有行者"③。吴邦庆由于自身是行政官员，再加上他向老农传播农业知识的热心，估计他书中所载的农业技术也能够在当时的农业实践中发挥一定的影响。但具体到他们传播的江南肥料技术而言，成绩却并不突出，甚至是几乎没有对北方的积肥、施肥实践产生任何的影响。江南的肥料技术通过他们的引介传入华北地区后，并未从根本上改变华北的肥料技术，华北仍然是按照其原有的肥料技术体系发展。在袁黄之后，清代宝坻的地方志编纂者们仅仅把其《劝农书》中的"田制"和"水利"两章内容列入县志中，以方便有志人士能利用此篇来促进当地水利灌溉事业的发展，至于肥料部分，则被完全删除；其倡导的圈养牲畜积肥的措施，在当时动用行政力量的情况下，肯定卓有成效，但后世宝坻的猪、羊基本还是以散养为主；而其根据古法精心设计的煮粪法，则因为程序过于繁琐、配料过于难觅，没有被用在施肥实践中，仅仅被士人广泛记载在他们的农学著作中，徐光启的《农书草稿》、鄂尔泰等人的《授时通考》与王芷的《稼圃辑》等农书都对其进行转引，在知识阶层内其文本得到了有限的传播，而徐光启更是在煮粪法的基础上设计出新型的肥料——粪丹，但并没有在实践中得到应用；黄可润推行先进肥料方法的实施也遇到挫折，由于贫民居多，根本无力购置运粪的小车，所以"贫者尚未能"。他本来想通过官府借贷的方式"令其制小车"④，但由于不久就离任，这种想法也未得到落实。他传授的泥粪法和客土法都需要极大的消耗，而本地农民多懒惰而省工，所以成效也不大；吴邦庆转述的宋应星的黄豆施肥法并没有在华北普遍使用，华北农民根本没有把大豆大量用在肥田中，在清代及其以后仍然大量将本地生产的大豆卖给江南做肥料，成为江南地区重

---

① 郑守森等校注:《宝坻劝农书·渠阳水利·山居琐言》，北京：中国农业出版社，2000年，第2页。

② （清）吴邦庆辑，许道龄校:《畿辅河道水利丛书》，《畿辅水利辑览》，北京：农业出版社，1964年，第401页。

③ （清）黄可润:《畿辅见闻录》，清乾隆十九年（1754年）璞园刻本，第26a页。

④ （清）黄可润:《畿辅见闻录》，清乾隆十九年（1754年）璞园刻本，第26b页。

要的大豆供应地之一；而其传播的舀清粪灌溉施肥的方法也根本没有在北方流行，华北地区一直以来都使用把大粪晒干，然后再施用到田地里的干粪施肥法。在现代学者的眼中，北方的施肥技术也被视为相对的"落后"，他们认为，华北的肥料种类比江南少得多，"在北魏《齐民要术》时代，中国已经使用踏粪、火粪、人粪、泥粪与蚕矢……到元代王祯《农书》时代，华北仍然是这几种类型的肥料"①；直到近代，华北很多地区依然"不仅是施肥方法不科学。有些地方根本不施肥……"②；最重要的一点是，在江南肥料技术传播最为集中的华北畿辅地区，农民也大多抱怨稻田的所需要的肥料太多。③

其实从某些方面来看，明清时期华北地区的某些肥料技术并不比江南落后，甚至在某些蔬菜和经济作物的施肥技术水平上还远超江南，更接近于士人所提倡的"用粪得理"的标准。针对前人认为北方的芜菁移植到南方就会变成菘的观点，徐光启从肥料的角度给出解释，这是由于"北人种菜，大都用干粪壅之，故根大；南人用水粪，十不当一。又新传得芜菁种，不肯加意粪壅"④，所以才导致在南方种植的芜菁根变小。在种植棉花上，齐鲁等华北地区使用干粪来施肥，然后在生长过程中，又能"视苗之瘠者，辄壅之"⑤，这样的施肥法甚为合宜；而在松江地区，农民利用水粪、豆饼、生泥等肥料来壅棉田，而且还会额外施加草肥，经常由于施肥过多造成的"青酣"而导致棉花植株疯长的后果，所以当时齐鲁人经常因为听闻松江地区的棉花收成微薄而"每大笑之"⑥，有鉴于此，徐光启还特

---

① 李令福：《明清山东农业地理》，台北：五南图书出版公司，2000年，第387页。

② 苑书义等：《艰难的转轨历程——近代华北经济与社会发展研究》，北京：人民出版社，1997年，第142页。

③ ［加］卜正民著，陈时龙译：《明代的社会与国家》，合肥：黄山书社，2009年，第206页。

④ 朱维铮，李天纲主编：《徐光启全集（七）》，上海：上海古籍出版社，2010年，第577页。

⑤ 朱维铮，李天纲主编：《徐光启全集（七）》，上海：上海古籍出版社，2010年，第743页。

⑥ 朱维铮，李天纲主编：《徐光启全集（五）》，上海：上海古籍出版社，2010年，第408页。

意在其《农遗杂疏》中援引北方士人张五典撰写的《种法》，来当作其家乡松江地区植棉的技术参考范本。

生态环境是农业生产赖以发展的重要基础，农业技术的形成必然要同一定的生态要素相关联，各种农业技术都与环境条件存在着一定程度上的内在统一性。[①] 华北的农民没有选择江南地区业已十分成熟、有效的肥料技术，在很大程度上并不是因为这些肥料技术不够先进，而是这些在江南的生态环境中发展并成熟起来的肥料技术无法完全被纳入华北地区原有的环境与技术体系中来，下面分几点来简述之。

首先，从人口—耕地比率上来看，明清时期，江南人多地少，人地矛盾甚为突出，相比之下，华北地区相对而言则是比较地广人稀，虽然在清代康熙以后南北两地都出现了人口激增的局面，但是华北地区的人地矛盾与寸土寸金的江南相比还是相对缓和的，这种情况即使在清代中后期都依然如此。明末徐光启就认为南北两地人口、耕地存在着"南之人众，北之人寡；南之土狭，北之土芜"[②] 的不对称格局。在寸土无间的江南，由于人地矛盾的激化，为了养活更多的人，在农法上精耕细作是唯一的选择，徐光启甚至在其《甘薯疏》中传授给江南的无地者一种在竹笼中种甘薯的方法："即市井湫隘，但有数尺地仰见天日者，便可种得石许。其法用粪和土曝干，杂以柴草灰，入竹笼中，如法种之。"[③] 由此可见江南的土地珍贵到何种田地！为了多收粮食来过活，他们只能多用粪肥，所以才有如此精细的肥料技术。而华北地区相对人少地多，某些濒海滩涂地区在明代甚至还是地广人稀，在北方进行农垦实验的徐光启在家书里提到天津地区："荒田无数，至贵者不过六七分一亩，贱者不过二三厘……其余尚有无主无粮的荒田，一望八九十里，无数，任人开种，任人牧牛羊也。"[④] 甚

---

① 萧正洪:《环境与技术选择——清代中国西部地区农业技术地理研究》，北京：中国社会科学出版社，1998 年，第 207 页。

② （明）徐光启著，王重民辑校:《徐光启集》，北京：中华书局，1963 年，第 227 页。

③ 朱维铮，李天纲主编:《徐光启全集（五）》上海：上海古籍出版社，2010 年，第 388 页。

④ （明）徐光启著，王重民辑校:《徐光启集》，北京：中华书局，1963 年，第 487 页。

至还有很多农田被抛荒，崇祯七年（1631年），户部调查后发现北直隶等地抛荒田土最多。[1] 清代以后，这种情况依旧存在，黄可润发现大城县的沙地薄土地，当地人动辄"一人常耕至一二顷"[2]，在大量闲置土地可供利用的背景下，利用广种薄收的方式当然比勤勤恳恳施肥显然更加划算，这种"地美则有利而勤，地薄则无利而惰"[3] 的情景在各地都屡见不鲜，从清代乾隆二年（1737年）署理河南巡抚尹会一的奏折中可以看出这种做法的理由：

> 南方种田一亩所获以石计，北方种地一亩所获以斗计，非尽南智而北拙、南勤而北惰、南沃而北瘠也。盖南方地窄人稠，一夫所耕不过十亩，多则二十亩，力聚而功专，故所获甚厚。北方地土辽阔，农民惟图广种，一夫所耕自七八十亩以至百余亩不等。意以多种则多收，不知地多则粪土不能厚壅，而地力薄矣；工作不能遍及，而人事疏矣。是以小户自耕己地，种少而常得丰收，佃户受地承耕，种多而收成较薄。[4]

在南北方这种悬殊的人地比率情况下，施肥对北方农民的刺激自然不是很大。直到清代后期至近代，由于社会的稳定，经济水平的提高，加之人口开始增多，华北地区的人地矛盾也变得尖锐，对肥料的需求迅速增大，甚至开始出现肥料短缺的现象。[5]

其次，从土壤、气候等自然条件方面来说，第一，不同的土壤类型对肥料种类的需求不同，南北方土壤不同，南方以酸性的红壤为主，有

---

① 程民生：《中国北方经济史》，北京：人民出版社，2004年，第573页。

② （清）黄可润：《畿辅见闻录》，清乾隆十九年（1754年）璞园刻本，第25b–26a页。

③ （清）黄可润：《畿辅见闻录》，清乾隆十九年（1754年）璞园刻本，第25b页。

④ 乾隆二年（1737年）署理河南巡抚尹会一十月初三日奏章，载中国科学院地理科学与资源研究所、中国第一历史档案馆编：《清代奏折汇编——农业·环境》，北京：商务印书馆，2005年，第16页。

⑤ 王建革：《传统社会末期华北的生态与社会》，北京：三联书店，2009年，第238–252页。

酸性强、土壤黏重、肥力低等特点，需要投入更多的肥料去改造与补充，而北方的土壤则相对肥沃，所以南方的肥料经验与北方的土壤状况不相符合；第二，气候条件与干湿状况也对肥料使用的空间范围和肥效有影响，"在干燥的北方，缺乏充分的潮湿，一切腐败的过程非常迟缓，农民必须注意容易溶解的肥料；南方的雨水较多，广大的地面都可以灌溉，所以农地中所施的肥料的发育，虽在一种相差无几的气候中，却要强大得多。"[1] 这说明由于气候条件的不同，相同的肥料在南方发挥的效力比在北方发挥的要快，所以投入同样同量的肥料，南方显然比北方划算，这也是北方农民不愿意模仿南方肥料技术的原因之一。北方农民因土壤中的水分不足而不肯多施肥的情况甚为广泛，以至于民国时上海园林场场长包伯度在劝北方农民施用化肥时还确凿保证说绝对不会因为北方水分不足而影响肥效的发挥，以打消农民的疑虑[2]；第三，肥料的来源多受当地自然条件的限制与影响，这也要求肥料的获取必须因地制宜，华北地区缺乏燃料，秸秆大部分被当作薪柴烧掉，只有少量可以还田，这决定了他们用灰肥较多，而不能盲目模仿江南把秸秆做成沤肥使用的方法。北方人喜欢睡火炕，多年的陈炕坯土也习惯被用来当作肥料使用，这也体现了用肥因地制宜的原则。

再次，南北方的种植制度和主粮作物也不同，宋代以后江南地区发展起来的稻麦二熟制在明清时期有了进一步的扩大，双季稻也得到推广。在种植制度方面，一年两熟制得到进一步普及，宋应星就说过："南方平原，田多一岁两栽两获者"[3]，可见其普遍性，有些地区在稻麦二熟的基础上加种春花作物，实现了一年三熟，据李伯重统计明代江南的复种指数

---

① ［德］瓦格勒著，王建新译：《中国农书》，上海：上海商务印书馆，1940 年，第 256 页。

② 包伯度曰："又或谓吾国北方天气干燥，人造肥料中进口最多之硫酸钾，当不到如南方之畅销，是又不然，盖天气虽干燥如北地，而硫酸钾施于土壤之中，此项转变硫酸钾之硝化细菌所需之些许水分，当然含有。况硫酸钾施用之际，以其成分浓厚，例须化作液肥，故不患无水湿之供给。"摘自包伯度：《浙江之肥料问题》，《中华农学会报》第 115 期，1933 年，第 35 页。

③ （明）宋应星：《天工开物》，扬州：广陵书社，2005 年，第 3 页。

为140%。^①而在华北地区，只有在极少数地力肥沃的地区实行一年两熟，大多数地方实行的是一年一熟或两年三熟的制度，复种指数比南方低很多。复种指数越高，对地力的损耗程度就越大，也就需要施加更多的肥料来补充地力，华北的复种指数比江南低，并不需要像江南那样施用很多的肥料来补充地力，这也导致了北方用肥的"懒散"，在一定程度上不利于北方采用南方的肥料技术。从农作物种类上来看，华北地区以杂粮和小麦等旱地作物为主，相比起江南压倒性的集约化水稻生产，相对来说是广种薄收，亩产收益较低，所以不能模仿江南那样使用黄豆、豆饼来壅大田作物，如果用黄豆，也只能用在蔬菜、花卉等收入高的经济作物上，如清代山东士人丁宜曾在介绍施肥的时候就说："黄豆磨破，蒸熟，晒干为末，壅花、蔬根甚妙"^②，不太可能像宋应星那样用撒黄豆在田中的方法来壅大田作物。^③

值得注意的是，一个地区采用何种农业技术还与当地的农耕传统和农民习惯有很大关联，这一点早在明代就被徐光启所察觉，他在《粪壅规则》里说："亦如吾海上粪稻，东乡用豆饼，西乡用麻饼，各自其习惯而已。未必其果不相通也。"^④企图把江南肥料技术引入华北地区的吴邦庆也意识到"至稻田淤荫，其种类尤多：或用石灰，或用火粪，或碓诸牛、羊牲畜杂骨，以肥田杀虫，或以水冷斟酌调剂，亦草人土化氾氏雪汁之意也。备采其法以裨嘉蔬，非嗜琐也"^⑤，南北方对粪肥的施用方式不同，由来已久，以江南农业景观为蓝本绘制的《耕织图》中的淤荫图里的农夫就是在向水稻秧田施用液体粪便，这是南方最普遍的施肥方式，南方农人即使买到干粪，也要加水后才能施用，正如《沈氏农书》中的记载：

---

① 李伯重：《明清江南肥料需求的数量分析》，《清史研究》1999年第1期。
② （清）丁宜曾著，王毓瑚校点：《农圃便览》，北京：中华书局，1957年，第16页。
③ 值得注意的一点是，抛开主粮作物来说的话，明清时期南北方都种植某些盈利性的经济作物，在这些经济作物的施肥上两地区的差别并不是特别大。
④ 朱维铮、李天纲主编：《徐光启全集（五）》，上海：上海古籍出版社，2010年，第444页。
⑤ （清）吴邦庆辑，许道龄校：《畿辅河道水利丛书》，《泽农要录》，北京：农业出版社，1964年，第520页。

牛壅载归，必须下潭，加水作烂，薄薄浇之。若平望买来干粪，须加人粪几担，或菜卤、猪水俱可，取其肯作烂也。每亩壅牛粪四十担，和薄便有百担。其浇时，初次浇棱旁，下次浇棱背。潭要深大，每潭一桶，当时即盖好。若浇人粪，尤要即刻盖潭方好。牛壅要和极薄，人粪要和极清，断不可算工力。主人必亲监督，不使工人贪懒少和水。此是极要紧所在。[①]

徐光启在往来南北方的过程中也意识到这点，他在总结全国各地用肥经验之时说南方水稻用粪是"每亩约用水粪十石"，但在天津试种水稻时，他便开始仿照华北农师田彪的方法用干大粪来给稻田施肥[②]。到民国时，情况依然如此，彼时在中国考察农业的德国农学家瓦格勒（W. Wagner）如是记载："人类的粪尿在流动的和固体的形态中用作肥料。这两种使用法都流行全国，不过第一种盛行于华南，第二种尤其多出现于华北。"[③] 致力于中国粪便研究的王岳（1915—1985）也在全国范围内的实地调研中得到相同的结论：在中国的北方和南方，"农民利用粪便的方法不同。北方农民弃尿不用，只用粪和其他动物排泄物混合而成的堆肥，或晒干为粪饼，中部和南部的多半是利用粪和尿混在一起，不晒干，不做堆肥"[④]，所以，吴邦庆试图向自古以来就利用干的人类粪便来肥田的华北地区农民传授施用液体粪便施肥的方法，是几乎不可能获得成功的。

---

① （清）张履祥辑补，陈恒力校释，王达参校、增订:《补农书校释》，北京：农业出版社，1983年，第58页。

② 朱维铮、李天纲主编:《徐光启全集（五）》，上海：上海古籍出版社，2010年，第441页。

③ ［德］瓦格勒著，王建新译:《中国农书》，上海：上海商务印书馆，1940年，第248页。

④ 王岳（署名粪夫）:《中国的粪便》，《家》1946年第11期，第10-11页。

四、肥料技术传播中的士人与农民

张柏春等学者通过对《奇器图说》中技术传播方式研究后得出结论，认为在机械技术的传播中，依靠士人制作的文本、图像来传播的技术知识并不能完全表达出实践中的知识的全部内涵，亦不能回到实践中指导实践，或实现技术传播的效果。通过师徒口耳相传等方式来传播的技术才更具有实效：

> 在传播过程中，比较具有优势的技术确实可以被很好地吸收，但单凭图说形式的著作不一定能实现复杂机械的仿制。《奇器图说》对某些复杂机械的介绍不够充分，甚至描绘中存在一些错误。……这便不能为那些有兴趣制造此类机械的读者提供更多的帮助。这样的问题并不仅存在于中译本的技术著作中。实际上，在欧洲，以介绍实用技术为主体的图说著作也不能完全反映技术知识的全部内容。相关知识的传播还主要依靠师徒口耳相传及实际操作才能够完成。就技术传播而言，实物和实际操作的示范性强，是更为有效的传播方式。[1]

实际上在农业技术的传播过程中情况也颇为类似，中国历史上的地方官回避制、科举考试等使得士人具有宦游各地的便利条件，能够广泛地搜集各地的农业知识并加以传播，所以士人在农业知识的传播中具有农民所无可比拟的作用，徐光启就在考察齐鲁、余姚两地的棉花丰产经验之后，依据两地的成熟用肥技术对其家乡松江的棉田施肥方式进行了修正，建议稀种薄壅，避免密植厚壅所造成的枝干疯长而果实不繁的后果。[2] 而且由于士人具有广博的知识储备，所以他们能够在农民原始创新

---

[1] 张柏春等著：《传播与会通——〈奇器图说〉研究与校注 上篇〈奇器图说〉研究》，南京：江苏科学技术出版社，2008年，第275页。

[2] 朱维铮、李天纲主编：《徐光启全集（五）》，上海：上海古籍出版社，2010年，第407–408页。

的基础上进行二次创新，在有些地方能够促进技术的进一步完善与成熟，清代士人孙宅揆年少时曾"周游齐、鲁、秦、晋、宋、卫诸国，耳闻目见制粪之法甚夥"[①]，在陕西见到当地农民掘草皮与土垒成土窖，窖内放枯草烧熏数日，把得到的灰土当做肥料使用，但这种方法只能在山间使用，因此他在此基础上又"悟得一方，到处可行，且与久熏炕土无异"[②]，他的新方法比起先前的技术有累积氮素多的优点，且肥效更加猛烈持久。同时士人还能通过阅读古农书来间接获得前代农家者流的先进技术，以传播给农民使用，吴邦庆就曾在古农书中"取诸书所载而彼未备者，以乡语告之，彼则跃然试之，辄有效"[③]。但在阅读古代农学著作的时候，有时由于他们未能理解前人技术中某些细节的真正含义与受到前人理论、想法的局限，而未能有效促进肥料技术的发展，如袁黄的"煮粪法"很明显是受到汉代农学家氾胜之"溲种法"的影响，但他却未能理解"溲种法"中熬煮骨头的作用或许只是为了充当作物种子包衣肥料的粘合剂，而误认为经过煮沸的骨头和粪便能具有更强的肥效，虽然明代时农业实践中业已出现把骨头烧成灰来利用骨头内的磷肥的有效方法，如何乔远在《闽书》中记载：福建安溪的山田"粪田者，买牛马骨烧之，其谷足以食郡中"[④]，徐光启也说当时"闽广人用牛猪骨灰"来壅田[⑤]，但囿于古人文本对读书人的教条作用，袁黄还是主张利用煮沸的骨头和粪便来肥田，这不但使得作物无法利用骨头内含有的磷肥，而且粪便经过煮沸，只会使其原有肥效遭到进一步的破坏。

　　虽然士人能把各地农民的肥料知识记载下来并经由其他士人、官吏的援引和阅读并以劝农的方式传播至其他地区，但这类技术传播发挥作用的

① （清）孙宅揆：《教稼书》，载王毓瑚辑：《区种十种》，北京：财政经济出版社，1955年，第47页。
② （清）孙宅揆：《教稼书》，载王毓瑚辑：《区种十种》，北京：财政经济出版社，1955年，第51页。
③ （清）吴邦庆辑，许道龄校：《畿辅河道水利丛书》，《泽农要录》，北京：农业出版社，1964年，第421页。
④ （明）何乔远：崇祯《闽书》卷38《风俗志》，明崇祯刻本，第3b页。
⑤ 朱维铮、李天纲主编：《徐光启全集（五）》，上海：上海古籍出版社，2010年，第442页。

大小受到生态环境等一系列因素的制约，从上文可以看到，由于华北、江南分属两个不同类型的环境和农业区域，所以两地间肥料技术的传播因受到环境的制约而效果不佳，但若在环境类似的两个地区间传播肥料技术就会取得较好的成效，徐光启在《农书草稿》里记录"江西人壅田……或用牛猪等骨灰，皆以篮盛灰，插秧用秧根蘸讫插之"①，这是目前文献中所见的最早关于骨灰沾秧根施肥的记载。而其后的《天工开物》中也记载着"土性带冷浆者，宜骨灰蘸稻根"，这说明骨灰蘸秧根的方法可能是最初在江西发明的②，在清代时此项技术传播到其他诸多地区，如广西宾州"有冷水田用骨灰蘸秧根"③，浙江瑞安"山村农人插秧，多以猪牛各骨，杵为细粉，置之盎中，每插秧时，必蘸其根于盎中"④，此外湖南的《湘中农话》等农书也有骨灰蘸秧根的记载，这说明在相同的小环境下（冷水田），人们利用骨灰来抗寒与改良冷浆田这种酸性土壤的实践得到了广泛的传播，这种技术传播亦取得了良好的效果。

就肥料技术传播而言，民间通过实践临摹与肥料实物交换的方式进行的技术交流虽然范围较小，但却取得很好的传播效果。如徐光启记载，"猪羊毛壅田，金衢多有之。各处客人贩往发卖，以余干毛为上。"⑤清代安徽怀宁县"近来又有红花草，粪田极肥。其种来自江南，每升撒种，可粪田一斗"⑥。此类记载虽然囿于文字记载的阙如，仅能发现少量，但在肥料技术传播中亦起到不小的作用。毕竟在古代，农学是一门经验性的科学，农民在农业实践中积累的经验与知识是当时农业发展的主要动力，所

① 朱维铮，李天纲主编：《徐光启全集（五）》，上海：上海古籍出版社，2010年，第444页。
② 曹隆恭编：《肥料史话（修订本）》，北京：农业出版社，1984年，第49页。
③ （清）奚诚：《畊心农话》，《续修四库全书976 子部·农家类》，上海：上海古籍出版社，2002年，第664页。
④ 陈树平主编：《明清农业史资料（1368—1911）》，北京：社会科学文献出版社，2013年，第970页。
⑤ 朱维铮，李天纲主编：《徐光启全集（五）》，上海：上海古籍出版社，2010年，第444页。
⑥ 陈树平主编：《明清农业史资料（1368—1911）》，北京：社会科学文献出版社，2013年，第973页。

以撰写农书或农业手册的士人经常在书中提到"老农"或"老圃"的先进农业经验并高度评价他们的实践技术。正是农民的惜粪如金与在试错法的基础上逐渐修正的施肥实践才能适应当地的环境并能够在实践中发挥作用,农民的实践农学才是古代肥料学发展的主要原因,士人只是在记录、搜集民间的肥料知识并加以凝练、提升,并在技术的长途传播中扮演了一个中间人的作用。

第七章

施肥技术的发展与制约
——以江南地区为中心

> 贫民力致粪草，富民赀购菽饼。
>
> ——乾隆《天门县志》

　　施肥是整个肥料技术过程中最值得被关注的环节，因为只有经由此环节的实施，才能最终把农民通过各种途径所收集、制造的肥料施用到农田中，实现农业增产的目的。施肥技术历来是技术史、经济史关注的热点问题，帕金斯、伊懋可、白馥兰、李伯重、唐启宇、曹隆恭等中外学者都在此领域提出过诸多见解。对于宋至清代江南地区的施肥技术，学人们普遍给予很高的评价，认为江南的施肥技术在此段时期有了革命性的突破，主要表现在新型肥料的使用与追肥技术的普及两个方面，即以豆饼为代表的饼肥在农业生产中被广泛使用与追肥技术在农业实践中得到普及。关于以豆饼为主要代表的饼肥的使用，李伯重给予了很高的评价，认为这种新型肥料的使用打破了传统肥料在时空上的局限，且具有省时省力的优点。明代中期以后，江南地区就有从外地输入大豆的文献记载，到清代中期江南每年都会从关东输入 2 000 万石大豆，这些大豆"如果制为豆饼并全部用于水稻，将会增产 4 000 万石，即大约每亩产增加 1 石"①，因此他认为饼肥的普及是明清江南最重要的技术进步之一，标志着中国肥料使用的历史进入了一个新阶段。②珀金斯甚至夸张地声称豆饼中潜藏的肥料的发现，是中国帝制晚期技术普遍停滞景象中的一个例外。③关于追肥的普及，则更是被学者视作施肥技术有革命性突破的铁证，他们普遍认为在谷物生长时继续给它们施肥是帝制晚期出现的一项提高产量的精作技术。④白馥兰认为，在水稻种植中用饼肥在水稻抽穗开花后施肥的追肥技术在明代后期的江南地区已经得到普及。⑤李伯重亦认为江南追肥使用的普及是在明代后期到清代前期这个时间段内，虽然在明代中期农民已经意识到稻田中追肥的重要性，但直到清代前中期追肥技术才在江南地区普及，当时"追肥不仅广泛使用，而且使用量也相似，即每亩稻田的使用量相当于 40 斤饼肥。这说明追肥技术已经标准化并普及"，李氏认为追肥的普及对中晚稻、小麦和棉花的增产都起到了重要的作用，因此从基肥到追肥的改变，被他视作是江南施肥技术进步的最重要体现。⑥在这两种施肥技术进步的基础上，加之肥料制造技术的提升，三者汇合所营造的一幅肥料技术发展的图景让学者们认定在明代中期到清代前中期这个时间段内，江南在农业生产领域中出现了一场"肥料革命"⑦。

---

① 李伯重著，王湘云译：《江南农业的发展：1620—1850》，上海：上海古籍出版社，2007 年，第 126 页。
② 李伯重著，王湘云译：《江南农业的发展：1620—1850》，上海：上海古籍出版社，2007 年，第 55-57 页。
③ 〔美〕珀金斯著，宋海文等译：《中国农业的发展（1368—1968）》，上海：上海译文出版社，1984 年，第 90 页。
④ 〔英〕伊懋可著，梅雪芹等译：《大象的退却：一部中国环境史》，南京：江苏人民出版社，2014 年，第 185 页。
⑤ 〔美〕Francesca Bray, Science, Technique, Technology: Passages between Matter and Knowledge in Imperial Chinese Agriculture, The British Journal for the History of Science, Vol.41, No.3 (Sep.2008), p333.
⑥ 李伯重著，王湘云译：《江南农业的发展：1620—1850》，上海：上海古籍出版社，2007 年，第 54 页。
⑦ 李伯重著，王湘云译：《江南农业的发展：1620—1850》，上海：上海古籍出版社，2007 年，第 56 页。

虽然黄宗智 ①、王加华 ②、薛涌 ③ 等学者都对"肥料革命"的概念提出了质疑与商榷，但他们主要的批判点都集中在经济史的范畴，仅限于从数量和时段上对关东向江南输出的豆饼进行分析，认为李伯重把满洲输入江南的豆饼数量做了极度的夸大，事实上从满洲输入江南的豆饼数量仅为李氏所估测的 4%，且豆饼的运输只是集中在 18 世纪末到 19 世纪初这一短暂的时段，而彼时江南地区的农业已经开始衰退，据此他们否定了"肥料革命"的发生。④ 但"肥料革命"的理论包含三个方面：即追肥技术的普及、肥料制造技术的提升与饼肥的引入和使用，⑤ 薛涌等学者只是从饼肥的使用数量上修正了李氏的理论，否定了江南饼肥的总体使用数量，但没有对"肥料革命"的说法进行彻底的反思，本章节将从技术史的层面上深入研究江南地区追肥的普及程度以及豆饼肥料的施用，继续对"肥料革命"的观点进行商榷。同时还将关注帝制晚期江南在其他施肥技术方面的发展，期冀能勾勒出一幅更加合理的施肥技术之图景。

一、"接力"：江南施肥实践中的追肥技术

早期的施肥方式大都是在播种前将肥料施入土壤层或播种时把肥料随种一起播下，以满足作物前期生长对养分的需求，在此后的生长过程中便不再增施肥料，直至作物成熟，这种施入的肥料叫做基肥或种肥。伴随着

---

① 黄宗智：《发展还是内卷？十八世纪英国与中国——评彭慕兰〈大分岔：欧洲，中国及现代世界经济的发展〉》，《历史研究》2002 年第 4 期，第 154 页。

② 王加华：《一年两作制江南地区普及问题再探讨——兼评李伯重先生之明清江南农业经济史研究》，《中国社会经济史研究》2009 年第 4 期，第 66 页。

③ Yong Xue, A "Fertilizer Revolution"? A Critical Response to Pomeranz's Theory of "Geographic Luck", Modern China, Vol. 33, No. 2 (Apr., 2007), pp. 195-229.

④ 薛涌：《一场肥料革命？——对于彭慕兰"地缘优势"理论的批判性回应》，载黄宗智编著：《中国乡村研究 第 7 辑》，福州：福建教育出版社，2010 年，第 94 页。

⑤ 李伯重著，王湘云译：《江南农业的发展：1620—1850》，上海：上海古籍出版社，2007 年，第 53 页。

农业的发展，出现了在作物生长期内再次施加肥料的施肥方法，目的是弥补基肥或种肥粪力的不足，为作物的生长继续提供粪力，以促进作物迅速发育成熟，这种施肥方法叫作追肥，在明清时期的江南地区也被农民形象地称为"接力"。追肥的使用在中国历史上出现的时间很早，早在汉代成书的《氾胜之书》中就提到"树高一尺，以蚕矢粪之；树三升。无蚕矢，以溷中熟粪粪之亦善；树一升"的追肥施用记录[1]，南宋时罗愿在《尔雅翼》中也提到"粪视稼色而接之"[2]。但直至明代之前，关于追肥的记载还是比较零散，而且大多是用于经济作物的种植上，明清时期史籍中有关追肥的记载显著增加，显然表明此时段内追肥的使用范围有所扩大，但即使在李伯重所认为的追肥已普遍使用的清代前中期，江南地区追肥的使用也仅仅是一种"现象"，而并未演变成为一种在大范围内普及的施肥"制度"，以下将分述其理由。

　　首先，明清农学家大多在要不要使用追肥这个问题上态度甚为谨慎，这可从一个侧面反映出当时的追肥技术并不成熟。在明代以前，大田作物很少使用追肥，陈旉仅仅提倡在水稻秧苗期要注意施肥，因为"根苗既善，徒植得宜，终必结实丰阜"[3]，等到水稻移栽后便不用再施加任何肥料。迨至明代，农学家对此问题亦是有着同样的看法，马一龙在《农说》中就对基肥和追肥做了非常哲理化的论述，提出要通过使用基肥来"滋源"和"固本"，基肥用得足可以使庄稼枝叶繁茂而结实繁多，但如果一味使用追肥，就会导致"或至于不能胜而病矣"的后果[4]；嘉善籍士人袁黄强调要多用基肥来"垫底"，至于追肥，则须斟酌使用，因为"垫底之粪在土下，根得之而愈深；接力之粪在土上，根见之而反上。故善稼者皆于耕时下粪，种后不复下也。大都用粪者，要使化土，不徒滋苗。化土则用粪于先。而使瘠者以肥，滋苗则用粪于后。徒使苗枝畅茂而实不繁。

① 石声汉:《氾胜之书今释（初稿）》，北京：科学出版社，1956 年，第 26 页。

② 转引自游修龄，曾雄生著:《中国稻作文化史》，上海：上海人民出版社，2010 年，第 302 页。

③ （宋）陈旉著，万国鼎校注:《陈旉农书校注》，北京：农业出版社，1965 年，第 45 页。

④ （明）马一龙:《农说》，北京：中华书局，1985 年，第 7 页。

故粪田最宜斟酌得宜为善"①；连被公认为极其擅长追肥技术的经营地主沈氏也对追肥的使用甚为谨慎，他严肃地告诫同侪："如苗色不黄，断不可下接力，到底不黄，到底不可下也。……切不可未黄先下，致好苗而无好稻。"因为当时的追肥技术在量上还没有很好的把握，施用不当可造成严重的后果，致使"粪多之家，每患过肥谷秕"②。在其《农书》后面的章节中，沈氏再一次警告农民不要使用追肥，"种下只要无草，不可多做生活，尤不可下壅。下壅工多，则苗贪肥长枝，枝多穗晚，有稻无谷，戒之戒之"③，而且在《沈氏农书》的"逐月事宜"篇中，"下接力"只被安排在七月农事安排的"杂作"篇，是所有涉及肥料的事宜中唯——项被视为"杂作"的，不像其他涉及肥料的农事如"下罱河泥""浇桑秧""下地壅""窖花草"等都被安排在"天晴"或"阴雨"篇中，这也从一个侧面证明在当时的农业实践中，追肥的使用并不像"下地壅"等施用基肥那样普遍，仅是一项可有可无、偶尔有之的杂活。即使到李伯重声称的追肥已经被普遍使用在大田中，且施肥量已经完成定量化的清代，农学家对追肥的使用仍然抱有谨慎的态度，很多士人还是倾向于基肥的使用最为重要，追肥只能使得庄稼枝叶繁茂而实不繁，如潘曾沂在论述区种法的时候就提及"未下种的时候，垫底的粪足，自然将来精神气力都聚在稻穗头上。若不用粪垫底，直等苗出后加粪，只怕枝叶好看，稻穗头不得力，不肯饱绽。所以垫底最要紧"④，并不赞同追肥的使用；持相似观点的还有理学家杨屾，他在《知本提纲》中高度重视基肥的使用，认为"胎肥始培祖气……以见底粪之尤要也"，他把追肥称作"浮粪"，认为其"浮沃徒长空叶""以浮粪沃其浮根"将会导致"叶稠皮厚，必无倍收之利"的后果，而且倘若幼苗孱弱的作物施用过多追肥，更会造成"不能胜其粪力，必致

---

① 郑守森等校注：《宝坻劝农书·渠阳水利·山居琐言》，北京：中国农业出版社，2000年，第28页。

② （清）张履祥辑补，陈恒力校释，王达参校、增订：《补农书校释》，北京：农业出版社，1983年，第35–36页。

③ （清）张履祥辑补，陈恒力校释，王达参校、增订：《补农书校释》，北京：农业出版社，1983年，第73页。

④ （清）潘曾沂撰：《区种法》，载王毓瑚辑：《区种十种》，北京：财政经济出版社，1955年，第117页。

蒸烧败损而禾苗难生矣"的严重恶果[1]。清代吴县人奚诚也力主重视基肥的作用，认为"窖粪，来春用此垫底下种，则花稻之精神，都长在蕊穗之上"，对于追肥他则认为："壅菜豆诸饼，工本又大，且以喂畜之物下田，岂不暴殄乎。只令枝叶繁茂，所谓苗而不秀，秀而不实者也"[2]。从以上论述中可以看出，迨至清代，人们对追肥使用的数量还不能有明确的把握，常会误施追肥而导致庄稼徒有枝繁叶茂但并不结实，所以农学家和撰写农学指导手册的士人经常在其著作中叮嘱农民须千万慎用追肥，这从一个侧面反映出当时的农业实践中追肥技术的使用并不成熟。

其次，不同阶层和财力状况的农人与不同作物对追肥的使用情况也不甚相同。在清代，不同阶级的农业经营者在施加追肥上有很大的不同，资产雄厚的地主或自耕农可以在作物生长期内施肥几次，而贫困的农民基本仅能施用一次基肥，用不起追肥。根据清人凌介禧在《程、安、德三县民困状》中的记载，早在康熙末年，农业甚为发达的湖州某些地区的施肥情况就是"有资者再粪，亩获二石，无资者一粪，获不及焉"[3]，李伯重在论述江南追肥技术使用之普遍的时候用的一条核心史料即来自姜皋的《浦泖农咨》，记载了一种在水稻生产过程中用粪三次的施肥法："肥田者俗谓膏壅，上农用三通：头道用红花草也……然非上农高田，不能撒草也……；二通膏壅，多用猪践……每亩须用十担；三通用豆饼……亩须四五十斤，"[4] 他将这条史料当做是此地农民施肥的日常状况来支持自己的"肥料革命"理论，但这条史料的撰者明确地表明是按照当地"上农"的

---

[1] （清）杨屾撰，郑世铎注：《知本提纲》，载王毓瑚辑：《秦晋农言》，上海：中华书局，1957年，第40-41页。

[2] （清）奚诚：《耕心农话》，《续修四库全书976 子部 农家类》，上海：上海古籍出版社，2002年，第664页。

[3] 李伯重：《明清时期江南水稻生产集约程度的提高——明清江南农业经济发展特点探讨之一》，《中国农史》1984年第1期，第37页。

[4] （清）姜皋：《浦泖农咨》，《续修四库全书976 子部 农家类》，上海：上海古籍出版社，2002年，第216页；在三通施肥中，第一次很明显是基肥，第三通根据豆饼的使用量四五十斤来判断是追肥，至于第二通施肥使用的猪践，后文中紧跟着说"猪践于夏月尤贵，十担须洋钱一元"，可以看出，应该也是在夏月施用的追肥。

标准写成的，依据古人说法，"粪多力勤者，乃为上农"①，所以这种三通施肥的方法明显是高于当时整个社会平均值的施肥技术，当时真实农业实践中的用肥次数肯定不能以此为依据。而且《浦泖农咨》写作的背景是当地在遭遇洪水后出现了"田脚薄""地力薄"的地力衰退时期，在这种情况下，施用肥料的数量与次数只能反映当地挽救地力衰退的努力程度，为了获得相等的农业收获，有资本的"上农"肯定在肥料用量和施肥次数上要比往常多，所以这条资料并不具备太大的参考价值。另外，追肥的使用在不同作物上也有不同的体现，追肥最主要是被施用在经济价值大、收益高的经济作物上，用在普通大田作物中的也不甚多，这一点早在宋代就已显露出来。陈旉指出仅仅在大麻种植时要"间旬一粪"②的施加追肥，对其余的作物，则不需使用。在清代，情况依然如此，这点可以从相关作物追肥的施用技术水平中看出。如对主要油料作物油菜的追肥技术就很成熟，沈氏提出的"菜要浇花"③的追肥技术就很符合现代科学的施肥方法，因为油菜在开花时所需的肥料最多，这时若能追施适量的速效肥，对增加结实率、籽粒饱满都甚有益处。对于水稻的追肥施用，技术则还不甚成熟，沈氏写道"盖田上生活，百凡容易，只有接力一壅，须相其时候，察其颜色，为农家最要紧机关"④，需要斟酌而视之。而对于小麦来说，追肥施用的更稀少，施肥技术也很低，沈氏就把小麦施肥与油菜施肥相对比，认为"菜比麦倍浇，又或垃圾、或牛粪，锹沟盖，再浇煞花"⑤，有些地区麦田中甚至隔年才施一次基肥，清代的《农桑经》就说"麦地，皆隔年不

① （清）石成金著：《传家宝全集》，北京：外文出版社，2012年，第15页。
② （宋）陈旉著，万国鼎校注：《陈旉农书校注》，北京：农业出版社，1965年，第30页。
③ （清）张履祥辑补，陈恒力校释，王达参校、增订：《补农书校释》，北京：农业出版社，1983年，第39页。
④ （清）张履祥辑补，陈恒力校释，王达参校、增订：《补农书校释》，北京：农业出版社，1983年，第35页。
⑤ （清）张履祥辑补，陈恒力校释，王达参校、增订：《补农书校释》，北京：农业出版社，1983年，第40页。

见粪"①，更谈不上施用追肥。

再次，不宜仅用追肥这个单一的指标来过高评价施肥技术的整体发展水平及对农业增产的贡献。明清时有些地区施用追肥仅仅是由于缺乏肥料而不能对整个田地的地面施加基肥，才不得已利用"看苗追肥"的追肥方法来壅苗。如蒲松龄记载了一种"抓苗粪"，就是一种不施用基肥直接等到出芽后壅幼苗的追肥法，"抓苗粪，尤胜于先撒后耕，此乃粪少者权宜之计，粪多者，可不必"②。清代奚诚的著作中也记载了当时江苏地区有许多"不垫底至苗长壅壮者"的情况③，甚至在江南此种情况也比较常见，在援引姜皋所撰的《浦泖农咨》关于"上农用粪三通"的记载后，光绪年间《松江府续志》的编纂者结合松江当地的实际用肥情况补充道："三通膏壅惟富农有之，若贫农荒秋糊口尚艰，奚暇买草子撒田为来岁膏壅计，又无力养猪，只赊豆饼壅田，其壅力暂而土易坚，故其收成每歉"④，可见清代松江贫农也缺乏资本施用绿肥和猪践来给庄稼施加"垫底"的基肥，只能在水稻的生长过程中施加一次豆饼来作为追肥。直至民国时，还存在此种情况，瓦格勒如是记载："当冬季各月，各大城市附近也许呈出粪料过剩、价格低廉的现象，此时当地才有人对整个农业地面施肥。至于乡间从不会对全地面施肥的"⑤，这种"追肥"的施用不应该被视作施肥技术的进步，它仅仅是农民在基肥不足的情况下所采用的一种权宜之计，甚至比只施基肥的施肥方法更为落后。即便是使用追肥的地区也并不是每年都施

① （清）蒲松龄撰，李长年校注:《农桑经校注》，北京：农业出版社，1982年，第25页。
② （清）蒲松龄撰，李长年校注:《农桑经校注》，北京：农业出版社，1982年，第5页。
③ （清）奚诚:《耕心农话》，《续修四库全书976子部·农家类》，上海：上海古籍出版社，2002年，第664页。
④ （清）博润等修纂：光绪《松江府续志》卷5，清光绪十年（1884年）刻本，第3a页。
⑤ ［德］瓦格勒著，王建新译:《中国农书》，上海：上海商务印书馆，1940年，第248页。

用基肥，有时候，采用一些肥料来垫底的田地"可令数年肥壮"①，根本不需要每年重新施肥。另外，在由士大夫所撰写的农书和地方志中，提及的施肥有时并不是指当时农业实践中实际使用的真实技术，而只是撰者期望的一种理想化或最大化肥料投入的技术建议，如《种艺必用》中的"八月社前，即可种麦，宜屡耘而屡粪"②，就是撰者对小麦施肥的一种建议，"宜"字仅表示"最好应该如此"，并不代表在宋元时期的农业中就已经有了在种麦时锄草一次便施加一次追肥的先进技术了，所以利用古农书和地方志等"士人撰写"的文本并不能完全复原真实的技术场景，这些资料汇聚而成的农学史在很大程度上只是一种被建构后的农业史，与真实的农业史尚有一定差距。

诚然，在明清时期，江南地区的追肥技术确实比之前有了进步，有关施加追肥的记载逐渐增多且施用的范围也有所扩大，某些资本雄厚的经营性地主已经能在施基肥和追肥的过程中注意到不同养分的作用，从而将两者搭配来施用，如沈氏就建议："壅须间杂而下，如草泥、猪壅垫底，则以牛壅接之；如牛壅垫底，则以豆泥、豆饼接之"③。在个别地区的农业实践中甚至出现了很高水平的追肥技术，如《吴兴掌故集》中记载的当地施用一次基肥、两次追肥的技术："湖之老农言，下粪不可太早，太早而后力不接，交秋多缩而不秀，初种时必以河泥作底，其力虽慢而长，伏暑时稍下灰或菜饼，其力亦慢而不迅疾，立秋后交处暑，始下大肥，壅则其力倍而穗长矣。"④ 但迨至清代，追肥的施用并没有在整个江南地区的农业生产实践中获得根本性普及，追肥的施用者多是资产丰厚的"上农"，追肥的施用在油菜、棉花等收益高的经济作物中比较常见，其他次要的粮食作物则很少被施加追肥。明清时期小江南地区的方志也有很多明确记载不施

---

① （清）奚诚：《耕心农话》，《续修四库全书 976 子部·农家类》，上海：上海古籍出版社，2002 年，第 665 页。

② （宋）吴怿撰，（元）张福补遗，胡道静校录：《种艺必用》，北京：农业出版社，1962 年，第 17 页。

③ （清）张履祥辑补，陈恒力校释，王达参校、增订：《补农书校释》，北京：农业出版社，1983 年，第 64 页。

④ （明）徐献忠撰：《中国方志丛书·吴兴掌故集》，台北：成文出版社，1983 年，第 775–776 页。

加追肥的现象，如明末浙江海盐县种稻时在秧田施肥，然后大田施基肥，"其粪也，以猪灰，以豆饼，或以草，入之河泥，烂而用之"，以后不再施肥，仅仅耘田时"置所去草于下，助粪力也"①。清代中期的松江地区，艺稻时仅在秧田中"以灰盖之，以粪洒之"，大田中施肥未被提及，在本该施加追肥的时节，则仅"嗣后惟戽水以养之，是时农人事简，为闲月"②。从全国范围来看，除南方水稻区资产雄厚的富农或自耕农之外，明清时期追肥在其他地方使用更是稀少，北方地区春季降水量稀少，往往因雨水愆期而无法使用追肥，夏季又动辄狂风暴雨，施用追肥经常会被大风吹跑或大雨冲失，而无法发挥粪力，所以北方农业中很少使用追肥。清代士人杨秀元告诫当地农民勿要使用追肥，"地内上浮粪，可以不必。……近来雨水缺少，原上地高，兼之风多，日晒风吹，上浮粪者岂不枉费工乎？"③

二、新型肥料的出现及其使用范围的扩大——以豆饼、石灰为例

宋代以降，随着肥料在农业生产中愈发重要，肥料种类得到了大幅度的增加，宋元时的肥料只有60余种，明末徐光启在《广粪壤》篇中则记载了80多条肥料，可分为10类大约120种，而清代据记载肥料的种类已达到125种；④肥料种类的增加及更多种类的肥料被施用在农田中，且其施用的范围与技术也进一步提高，构成本时段施肥技术进步的重要标志之一。在本书的肥料搜集章节，笔者曾对大粪在宋代以后的普及略有论述，本节将以豆饼和石灰的施用技术与施用范围为例，来窥测新型肥料的使用

---

① （明）樊维城修，胡震亨撰：天启《海盐县图经》卷4《方域篇第一之四》，明天启四年（1624年）刊本，第11a页。
② （清）周郁滨撰：《珠里小志》卷3《风俗》，清嘉庆二十年（1815年）刊本，第3b-4a页。
③ （清）杨秀元撰：《农言著实》，载王毓瑚辑：《秦晋农言》，上海：中华书局，1957年，第101页。
④ 林蒲田：《我国古代土壤科技概述》，华南涟源地区农校，1983年，第77页。

对施肥技术的影响。

以豆饼为代表的饼肥是油料作物的种子，经过榨油工序后所剩下的渣滓制成的饼，因其富含有机质和氮素而被视作一种优质的有机肥料。饼肥早在宋代就已经被用于农业施肥实践中，南宋农学家陈旉就曾建议使用麻子榨油后的麻枯来水稻施肥，"今夫种谷，必先修治秧田。……若用麻枯尤善"①，但彼时麻枯仅仅被用在水稻秧田的施肥中，在大田中的使用还很少，且当时不能掌握饼肥的使用技术，对饼肥发酵过程不熟悉，容易造成"烧杀物"的后果②，所以在宋元时期的使用范围并不广。明代以后，随着发酵腐熟技术的进步以及对肥料的迫切需求，饼肥的使用范围才得到扩大，开始被施用到水稻种植的大田中，明代日用通书《便民图纂》中便有水稻下壅时"豆饼河泥下得匀"③的竹枝词，成书于明代的《陶朱公致富书》"壅田"节中也有使用麻饼、豆饼壅水稻大田的技术，具体为"河泥灰粪为上，麻豆饼次之，先匀入田内，然后插秧。"④此外，王芷的《稼圃辑》中亦有："壅田麻饼、豆饼每亩可三十斤，和灰粪或棉花饼，每亩下二百斤。插秧前一日将棉花饼化开，匀摊田内。耖转，然后插秧"的记载⑤，表明用饼肥作为稻田基肥的方法有了进一步的发展，但值得注意的是，徐光启收集了晚明时全国20余处地方的用肥情况，仅有两处记载用饼肥，分别为"浙人用棉花饼，每亩用百片，约二百余斤。三吴用豆饼，每亩用七十斤，少则至四十斤。棉花用三四十斤。"⑥还有松江地区"粪

---

① （宋）陈旉著，万国鼎校注：《陈旉农书校注》，北京：农业出版社，1965年，第45页。

② （宋）陈旉著，万国鼎校注：《陈旉农书校注》，北京：农业出版社，1965年，第45页。

③ （明）邝璠著，石声汉，康成校注：《便民图纂》，北京：农业出版社，1959年，第6页。

④ （明）陶朱公：《陶朱公致富书》，聚文堂藏板，南京农业大学农史室藏本，第2a页。

⑤ （明）王芷撰：《稼圃辑》，《续修四库全书 977 子部·农家类》，上海：上海古籍出版社，2002年，第232页。

⑥ 朱维铮，李天纲主编：《徐光启全集（五）》，上海：上海古籍出版社，2010年，第442页。

稻,东乡用豆饼,西乡用麻饼"①,除此之外,再无用饼肥使用的记载,说明彼时饼肥的使用虽有所扩大,但还是集中在江南某些农业较发达的地区。而宋应星说:"黄豆每石得油九斤,吴下取油食后,以其饼充豕粮"②,则从侧面进一步证明豆饼壅田的施肥实践在明代江南尚未推广开来。

在清代,豆饼的使用范围得到进一步扩大。与此同时,施用的技术也开始变得成熟,在《农政全书》中,松江的农民把豆饼当作棉田使用的基肥,因此用量比较大,但在比它稍晚的《沈氏农书》中,则开始被用作追肥。在清代,饼肥被用作追肥则成为了一项大众知识,《浦泖农咨》中也把豆饼用作三通施肥的第三次。这体现了农民已经很好地了解到饼肥是一种速效肥料,豆饼在施肥中从基肥到追肥的转变使得每亩的用量降了下来(表7-1),从而促使豆饼在稻田中的使用变得更为普遍。明代以后,在大城市或新兴的专业化市镇中,榨油业十分发达,江南是榨油业最发达的地区,众多的榨油作坊生产的油饼为当地的农业生产提供了大量的商品性肥料。③

表7-1 晚明到晚清饼肥的使用④

时间	基肥	追肥	用量	作者
晚明	芝麻饼和豆饼加粪肥,或棉籽饼		棉籽饼300斤,或芝麻饼和豆饼加粪肥30斤	徐光启
晚明	饼肥		0.3石或42斤	沈氏
清代早期		菜籽饼	10斤(用于麦)	张履祥
晚清		豆饼	40~50斤	姜皋

① 朱维铮、李天纲主编:《徐光启全集(五)》,上海:上海古籍出版社,2010年,第444页。

② (明)宋应星著,潘吉星译注:《天工开物译注》,上海:上海古籍出版社,2016年,第78页。

③ 张显清主编:《明代后期社会转型研究》,北京:中国社会科学出版社,2008年,第146-148页。

④ 薛涌:《一场肥料革命?——对于彭慕兰"地缘优势"理论的批判性回应》,载黄宗智编著:《中国乡村研究 第7辑》,福州:福建教育出版社,2010年,第109页。

从宋代开始到清代，尽管豆饼总体上使用的范围一直在扩大，但并没有达到某些学者所认为的豆饼的广泛使用在清代前中期引起肥料史上一场革命的程度。[①] 首先，大豆种植在明清江南地区不甚普遍，这导致江南缺少制作豆饼之原料，而李伯重对关东运往大豆的数量进行了夸大的估计，这一点已经被薛涌[②]指出，此处不拟赘述；且豆饼的运输不是单向的，有时候江南生产的豆饼也会被贩卖到北方，清代桐乡的某大族即以制豆饼为业，史称"镇产豆饼，贩鬻日广，燕鲁巨贾，踵集于门"[③]。其次，以豆饼为代表的饼肥价格相对昂贵，对它的使用历来就存在着非议，清人奚诚曾在不同场合批评豆饼的使用价格高昂，称其"工本又大，且豆饼可以喂畜，如用之下田，殊为暴殄"[④]，即使在江南地区，也并未被彻底普及。在清代的南浔镇："富家多用豆饼，椎碎成屑，匀撒苗间。贫家力不能致饼，则用猪、羊栏中腐草"[⑤]来取代豆饼的使用，根据日本学者足立启二在《明清中国の经济构造》一书中《大豆粕流通と清代の商业的农业》章节的研究，豆饼的使用主要是在"上农"中使用，并没有在整个社会的范围内得到普及。[⑥]最后，豆饼多被用于经济作物种植中，宋代浙江的农民就有"重于粪桑，轻于壅田"[⑦]的趋向，明代《便民图纂》中提到豆饼除了壅田外还多用在对席草、莲藕、鸡头等经济作物的培壅上，直至民国时，中国的农民还是倾向于把豆饼等油滓肥料用于某些特别具有价值的经济作物上，如棉花、烟草、罂粟中[⑧]。而李伯重对某些史料的利用也存

---

① 李伯重：《明清时期江南水稻生产集约程度的提高——明清江南农业经济发展特点探讨之一》，《中国农史》1984 年第 1 期，第 33 页。

② Yong Xue, A "Fertilizer Revolution"? A Critical Response to Pomeranz's Theory of "Geographic Luck", Modern China, Vol. 33, No. 2 (Apr., 2007), pp. 195–229.

③ 卢学溥修纂：民国《乌青镇志》卷 18《墓域》，民国二十五年（1936 年）刊本，第 17b 页。

④ （清）田道人撰：《多稼集》载王毓瑚辑：《区种十种》，北京：财政经济出版社，1955 年，第 143 页。

⑤ 咸丰《南浔镇志》，转引自王达等编：《中国农学遗产选集 甲类 第一种 稻》（下编），北京：农业出版社，1993 年，第 148 页。

⑥ ［日］足立启二：《明清中国の经济构造》，汲古书院，2012 年，第 187 页。

⑦ （宋）程珌：《洺水集》卷 16《壬申富阳劝农》，四库全书本，第 6 页。

⑧ ［德］瓦格勒著，王建新译：《中国农书》，北京：商务印书馆，第 263 页。

在一些错误的解读，李氏在其著作中提到："入明以后，江南肥料品种结构发生了引人注目的变化。徐光启总结说：松江一带用肥，大都用水粪、豆饼、草秽、生泥四物"[①]，而徐光启原始文献中提及的"大都用水粪、豆饼、草秽、生泥四物"[②]的史料是在木棉施肥章节中提出的，这样李氏就混淆了棉田施肥和当时总体施肥的概念，将豆饼在晚明肥料中的重要性进一步提升。

石灰在宋代以降也成为一种重要的肥料，虽然它本身不含有植物生长所需的任何营养成分，但石灰呈碱性，能够用来调节酸性土壤，且有暖土、杀虫、灭草之功效，在古人眼中也算作一种肥料。南方土地多为偏酸性的红壤和黄棕壤，土壤排水与通气状况都不理想，有机物的分解速度缓慢，不利于农作物的生长发育，施用石灰能够中和酸性，起到改善土质的作用，所以石灰对南方的农业生产具有重要的作用。最早记载使用石灰作为肥料的是宋代的赞宁，在他的《物类相感志》里记载"插凤仙花用石灰汤养"[③]，南宋农学家陈旉认识到石灰具有杀虫之功效，遂建议"将欲播种，撒石灰渥漉泥中，以去虫螟之害"[④]，但还是没有发现它在暖田、改善土壤方面的作用，对于寒冷的田地，他还是建议用"遍布朽薙腐草以烧治之"的方法来使"土暖而苗易发"[⑤]，元代王祯首次记载把石灰施用在田中来暖土，以提高土壤温度，曰"下田水冷，亦有用石灰为粪，则土暖而苗易发"[⑥]。迨至明清时期，石灰的利用又有了进一步的发展，使用石灰的地区开始增多，闽、广、赣、蜀、桂、皖等地都有稻田使用石灰的记载，我国南方地区已广泛通过施用石灰来改良红壤等酸性土壤。明清时期南方地

[①] 李伯重：《发展与制约——明清江南生产力研究》，台北：联经出版事业公司，第 291 页。

[②] 朱维铮，李天纲主编：《徐光启全集（七）》，上海：上海古籍出版社，2010年，第 750 页。

[③]（宋）苏轼：《物类相感志》，北京：中华书局，1985 年，第 24 页。

[④]（宋）陈旉著，万国鼎校注：《陈旉农书校注》，北京：农业出版社，1965 年，第 27 页。

[⑤]（宋）陈旉著，万国鼎校注：《陈旉农书校注》，北京：农业出版社，1965 年，第 27 页。

[⑥]（元）王祯著，王毓瑚校：《王祯农书》，北京：农业出版社，1981 年，第 37 页。

区的石灰使用极其普遍，甚至在某些地区已经出现了专门烧石灰卖给农民以营生的人，清初已出现了专营性的工商业：民国时《桂平县志》援引清代旧志说当地使用石灰使得水稻"禾根易发，谷亦加增"后，有些想牟利的商人便出资来开凿石灰石，然后转送给农民使用，不用支付现钱，只需要农民在收割后用部分米谷来还账即可，这种稻米在当地被称作"石灰谷"①。

石灰下田的具体方法在不同地区有所不同，有些地区是插秧后再往田里撒石灰作为追肥，"稻秧长至尺余，于天晴无风时，以灰遍撒田中"②，而更多的地方则是采用先撒灰后插秧的方法，如桂平县民国时期的地方志援引旧志记载，清代此地用石灰的方法为"早晚两稻于分秧之日先以石灰粉遍糁田中，然后下插"③，《稼圃初学记》中对于石灰粪田的技术记载更为详细，具体为"秒后下淤灰，谓之落脚淤灰，此亦加倍肥田法，使秧苗下即受用，不及下淤，下灰亦可，更宜两件并下。……灰要先冬烧出贮好，不要漏湿，湿则如无灰矣。"④说明当时已经能够把石灰与肥料同时下在地里，能够在中和酸性土壤的同时，顺带通过施肥来补充土壤的氮素与有机质，双管齐下来提高粮食的产量。同时，石灰不可多用，否则会造成土壤中微量元素有效性下降，并破坏土壤结构，导致土壤板结，最终致使作物减产。临武县的老农对石灰使用的临界点有明确的认识，明确地在数量上指出"每亩得坏灰一百斤已足"，否则"多则咬痴泥，次年减谷"⑤，根据闵宗殿先生的考证，这个数字和通过现代科学计算出来的结果已颇为相近。⑥

① 黄占梅等修：《桂平县志》卷29《食货中》，民国九年（1920年）铅印本，第7a页。
② （清）杨巩编：《农学合编》，北京：中华书局，1956年，第125页。
③ 黄占梅等修：《桂平县志》卷29《食货中》，民国九年（1920年）铅印本，第7a页。
④ （清）邹景文等纂：《临武县志》卷41，清同治六年（1867年）刻本。
⑤ （清）邹景文等纂：《临武县志》卷41，清同治六年（1867年）刻本。
⑥ 闵宗殿：《三百年前的老农种田经——〈稼圃初学记〉评介》，载华南农业大学农业历史遗产研究室主编：《农史研究 第2辑》，北京：农业出版社，1982年，第132页。

三、施肥技术中的土宜、时宜与物宜

农业是最具区域性特征的产业，不同地区有着与其环境相适应的农业技术体系。对于一个特定的地区来说，在其农业发展的进程中，某项在大尺度范围上具有划时代意义的耕作技术的发明或农业器具的革新，或许远远比不上某些根据当地实际的微观农业环境而对微型农业技术进行的调整，农业技术的地方化和在区域维度上的趋于精细化或许是宋代以后农学发展有别于前代的最大特色。[①] 这种转变是以南宋《陈旉农书》所开启的，由地方官、隐士与士人所撰写的涉及单一小环境的区域性地方农书如雨后春笋般的出现为主要标志的。这种在农学知识与实践上对小尺度环境的重视使得农业的发展克服了以通论性、不注重地方实践性的综合性农书为标志的"农家者流，古书本少，虽有传者，或详于北土而略于南方，或详于黍麦而略于秔稻"[②] 之缺陷，使得各地能够因地制宜发展出最适合当地生态、环境与农业的技术，在施肥技术领域，这种转变表现的尤为显著。

宋代农学家陈旉在农业实践中就意识到各地"土壤气脉，其类不一，肥沃硗埆，美恶不同"[③]，所以主张应该针对不同类型的土壤来采取不同的治理措施，须"皆相视其土之性类，以所宜粪而粪之，斯得其理矣。俚谚谓之粪药，以言用粪犹药也。"[④] "粪药说"从理论上阐明了施肥技术因地制宜的重要性，元代农学家王祯认为"上农"的标准体现在施肥时能"善于稼者，相其各处，地理所宜而用之"[⑤]，对前人所说的粪多力勤即为"上

---

① ［英］Francesca Bray, Technology, Gender and History in Imperial China, Routledge, 2013, pp207.

② （清）李彦章撰：《江南催耕课稻编》，《续修四库全书 977 子部·农家类》，上海：上海古籍出版社，2002 年，第 16 页。

③ （宋）陈旉著，万国鼎校注：《陈旉农书校注》，北京：农业出版社，1965 年，第 33 页。

④ （宋）陈旉著，万国鼎校注：《陈旉农书校注》，北京：农业出版社，1965 年，第 34 页。

⑤ （元）王祯著，王毓瑚校：《王祯农书》，北京：农业出版社，1981 年，第 38 页。

农"的观点进行了修正，不过陈旉和王祯的叙述并不明确，只是笼统地说要根据不同的土壤类型来施用不同种类的肥料，缺乏对土壤和肥料具体对应关系的详细叙述，但可贵的是，他们为以后施肥原则的发展指明了方向。

明清时期，士人和农民都更加注重技术的地方性，张履祥在为涟川沈氏《农书》撰写的跋中提到沈氏的家乡"正与吾乡土宜不远"[①]，所以他认为沈氏的书中记载的农业实践能够为其家所用，故摘录了下来。但他转而又察觉到两地尽管在地理位置上相距颇近，可在具体农业技术上还是会有所差别："余谓土壤不同，事力各异。沈氏所著，归安、桐乡之交也。予桐人，谙桐业而已，施之嘉兴、秀水，或未尽合也"[②]，可见其对地方性的重视程度。在施肥方法上，张氏在其著作中只是分述各地的施肥方法，却并没有要学习、仿效的意思。[③] 迨至清代，施肥的地域性变得更加灵活，农民不但会根据土壤状况来选择适宜的肥料，而且在施肥时还会考虑到根据不同的作物、不同的时间来施用不同的肥料，以获得施肥的最大收益。根据清代来华耶稣会士的记载：当时的中国农民不仅仅满足于哪种肥料可以施用在何类土壤中，他们在施肥时还会考虑前一茬已经栽培的作物及本茬将要种植的作物，以及考虑到过去及未来的天气的状况。这是因为根据天气的干湿状况或季节时间来选择一种肥料而不是另一种是非常有必要的。[④] 这些业已说明，当时中国的农民已经能根据不同的土壤类型、不同的作物以及不同的时间来施加相应的肥料来粪田。根据这些新发展的区域性施肥法，清代理学家与农学家杨屾及其门生郑世铎在《知本提

---

① （清）张履祥辑补，陈恒力校释，王达参校、增订：《补农书校释》，北京：农业出版社，1983年，第97页。

② （清）张履祥辑补，陈恒力校释，王达参校、增订：《补农书校释》，北京：农业出版社，1983年，第99页。

③ 如记载小麦施肥，绍兴与其家乡就在肥料和施肥方法上有所不同，只是单纯记载而已。（清）张履祥辑补，陈恒力校释，王达参校、增订：《补农书校释》，北京：农业出版社，1983年，第114页。

④ 转引自 Mark Elvin, The Technology of Farming in Late-Traditional China, in Randolph Barker and Radha Sinha with Beth Rose, The Chinese Agricultural Economy, Westview Press, 1982, p14.

纲》中从理论的高度对肥料的灵活使用的原则进行了概括，认为当时的施肥：

> 有时宜、土宜、物宜之分。时宜者，寒热不同，各应其候。春宜人粪、牲畜粪；夏宜草粪、泥粪、苗粪；秋宜火粪；冬宜骨蛤、皮毛粪之类是也。土宜者，气脉不一，美恶不同，随土用粪，如因病下药。即如阴湿之地，宜用火粪，黄壤宜用渣粪，沙土宜用草粪、泥粪，水田宜用皮毛蹄角及骨蛤粪，高燥之处宜用猪粪之类是也。相地历验，自无不宜。又有碱卤之地，不宜用粪；用则多成白晕，诸禾不生。物宜者，物性不齐，当随其情。即如稻田宜用骨蛤蹄角粪、皮毛粪，麦粟宜用黑豆粪、苗粪，菜蔬宜用人粪、油渣之类是也。皆贵在因物验试，各适其性，而收自倍矣。[①]

时宜首先表现在施肥的时节上，即在不同季节应该施用不同的肥料。《知本提纲》的作者杨屾为陕西人，所以其著作中反映的是关中地区的施肥技术，文中提及的春季施用人粪等含氮多的肥料可以更好地促进作物生长的需要；夏季因为当地雨水集中，施用养分大的肥料怕被水冲走，所以只施草粪、苗粪等廉价肥料，且夏季高温潮湿，有助于绿肥的腐烂与快速起效；秋季气温较低，宜用火粪来暖田；冬季寒冷，一切肥效的发挥都比较迟缓，所以除了用江南地区用来治理冷水田的骨蛤肥来保暖之外，还提前将肥效发挥较迟的皮毛粪下在田中，一则可以起到农田覆盖保暖之作用，二则置于田中缓慢发酵，预备给来年的作物提供养分。其次施肥的时宜还表现在施肥的具体时间节点上，这点早在宋代就被时人所认识到，根据游修龄、曾雄生的研究，朱熹的《劝农民耘草粪田榜》中的"（六月）月半以后，不测下乡点检，将田中有草无粪之人，量行决罚"，这正和老农的经验契合，因为此时正是稿稻下壅的时节，如若田中无粪肥，会影响

---

① （清）杨屾撰，郑世铎注：《知本提纲》，载王毓瑚辑：《秦晋农言》，上海：中华书局，1957年，第40页。

水稻的分蘖。① 明末清初的张履祥也认为施肥的时间偏早或偏晚都会对作物的收成有所影响，所以他强调对施肥时间的把握非常重要："同此工力、肥壅，而迟早相去数日，其收成悬绝者，及时不及时之别也"②。同时，他还对施肥的具体时间节点有着深刻的认识，沈氏倡导依照植物生长的关键节点来施肥，提倡"麦要浇子，菜要浇花"③，指出小麦要在播种时候浇水粪，而油菜则要在春季开花时多浇粪，这精确地把握了麦、菜生长发育对肥料的需要。

物宜是指不同种类的作物对肥料有不同的需求，所以在施肥时要"物性不齐，当随其情"，即要使用不同的肥料来培壅。明代的《补农书》就针对不同作物的根系和生物性状而给予不同的肥料和施肥方式，张履祥认为小麦的根须直扎于下，而且根系较浅，所以小麦施肥时要"灰、粪俱要著根，而早壅方有益"④；萝卜在施肥时却要"独忌壅灰"⑤，因为萝卜的根茎一旦遇到灰肥便会伸长根须，导致根头分叉而长不大。清代时，物宜原则在施肥中体现的更为精细，郭云陞就曾根据老农的施肥经验对不同作物分别适用的肥料类型进行了系统地归纳总结，并进行了汇编，如"大麦宜用大蓝靛叶靛稭为粪""小麦子宜用芝麻苗为粪"⑥"白薯宜用旧坑土灰为粪""韭菜、百合菜、山丹菜、沃丹菜、蕃丹菜、捲丹菜宜用鸡粪为粪"⑦。当时甚至对同种作物的不同品种都分别有与每个品种相匹配的施肥

① 游修龄，曾雄生著：《中国稻作文化史》，上海：上海人民出版社，2010年，第302页。
② （清）张履祥辑补，陈恒力校释，王达参校、增订：《补农书校释》，北京：农业出版社，1983年，第116页。
③ （清）张履祥辑补，陈恒力校释，王达参校、增订：《补农书校释》，北京：农业出版社，1983年，第39页。
④ （清）张履祥辑补，陈恒力校释，王达参校、增订：《补农书校释》，北京：农业出版社，1983年，第114页。
⑤ （清）张履祥辑补，陈恒力校释，王达参校、增订：《补农书校释》，北京：农业出版社，1983年，第121页。
⑥ （清）郭云陞撰：《救荒简易书四卷》，《续修四库全书976子部·农家类》，上海：上海古籍出版社，2002年，第415页。
⑦ （清）郭云陞撰：《救荒简易书四卷》，《续修四库全书976子部·农家类》，上海：上海古籍出版社，2002年，第416页。

方法，何刚德在《抚郡农产考略》中记载了清代抚州地区农业实践中各种品种水稻在使用肥料上的不同，五十工秥这种稻施肥的诀窍是"率要重肥，每亩用肥二三次，约粪秽十二三石"[①]，而燦谷早则"宜用石灰"[②]，水稻品种铁脚撑对肥料需求很大，"他稻淤荫三次，过三次则稻易倒而不能灌浆，铁脚梗则肥料愈多愈好，可以用至六次"[③]，而懒担粪却不需要太多肥料，仅"需粪极少"[④]，银包金则"壅灰一次便足"，[⑤] 三百穗须于"分秧时，以牛骨灰坐秧根"[⑥]。

耕种需要先"辨土"或"相土"，所谓土宜，就是指针对不同土壤须施用不同的肥料，这一点从宋代陈旉的"粪药说"与元代王祯对于"上农"的重新定义中即可看出。明代后期袁黄对其任职的宝坻县的土壤施肥做了技术指点，认为"紧土宜深耕、熟耙……用灰壅之最佳。……缓土……用河泥壅之最妙……寒土宜焚草根壅之。寒其用石灰。"[⑦] 沈氏也对"田"和"地"各自土质适合的肥料做了说明："羊壅宜于地，猪壅宜于田，灰忌壅地，为其剥肥，灰宜壅田，取其松泛"[⑧]。清代各地区根据不同的土质和环境在用粪上亦有不同，《耕心农话》对当时各地施肥技术的记载可说明这点："种田全凭粪力，然用法则各处不同，如会稽山阴之田，灌以盐卤，或用盐草灰，否则不茂。宁波、台州近海处，田禾犯咸潮则死，故作砌堰以拒之。严州壅田多用石灰，因山水性寒，令土不发，故用之。台州、江阴则煅螺蚌砺蛤之灰，而不用人畜粪，如以粪壅田，则草禾并茂，蛎灰则草死而禾茂。宾州有冷水田，用骨灰蘸秧根，石灰淹苗足，

---

① （清）何刚德：《抚郡农产考略》，光绪抚郡学堂，第 4b 页。

② （清）何刚德：《抚郡农产考略》，光绪抚郡学堂，第 6b 页。

③ （清）何刚德：《抚郡农产考略》，光绪抚郡学堂，第 7a 页。

④ （清）何刚德：《抚郡农产考略》，光绪抚郡学堂，第 20a 页。

⑤ （清）何刚德：《抚郡农产考略》，光绪抚郡学堂，第 26a 页。

⑥ （清）何刚德：《抚郡农产考略》，光绪抚郡学堂，第 13a 页。

⑦ 郑守森等校注：《宝坻劝农书·渠阳水利·山居琐言》，北京：中国农业出版社，2000 年，第 5 页。

⑧ （清）张履祥辑补，陈恒力校释，王达参校、增订：《补农书校释》，北京：农业出版社，1983 年，第 64 页。

骨灰者乃猪羊杂骨之灰也，难以枚举。"[1] 咸丰年间的《南浔镇志》也详细记载了当地施肥的情况，在文末却告诫阅读此志的外地人"土性不同，不必以之绳吾乡也"[2]，因为土质的不同，所以不能把小环境中适用的肥料技术规则原封不动地照搬到另一种环境中。

四、施肥实践中关于肥效的认识

宋代以降施肥技术的进步，还表现在人们在长期的农业实践中慢慢摸索出各种肥料的肥效，并能够根据肥效的不同把各种肥料合理地施入田地中。当时中国的知识阶层普遍认为施肥之所以能够补充地力是因为肥料中所含有的"气"或者"阳气"能够被作物所吸收，而同时代的欧洲自然哲学家则认为作物是通过吸收"细微的土粒"或"土壤中的盐分"来获取营养的，肥料中含有这些成分所以才被施在农田中。[3] 但对于传统肥料中的哪些所含的肥效大，哪些肥料的肥效较弱等问题，却不能被中西知识分子用理论进行有效的阐述，只能是在农业实践中被经营性地主或农民所认识并逐渐积累、深化这种认识，这种在长期的实践基础上得到的关于肥效的认识是前科学时代关于肥料知识所能达到的最高极限水平。人粪便中因含有的氮素多，养分含量高且肥效快，常被现代农民称作"精肥""细肥"，在明清时期，人们便通过施肥实践认识到其价值，沈氏就认为人粪是一种速效肥料并称赞"人粪力旺"[4]，而杨屾则盛赞大粪"培苗极肥，为

---

① （清）奚诚：《耕心农话》，《续修四库全书976 子部·农家类》，上海：上海古籍出版社，2002 年，第664 页。

② 咸丰《南浔镇志》，转引自王达等编：《中国农学遗产选集 甲类 第一种 稻》（下编），北京：农业出版社，1993 年，第148 页。

③ ［英］Joseph Needham, Science and Civilisation in China, Volume 6 Part II: Agriculture, by Francesca Bray, Cambridge University Press, 1984, p297.

④ （清）张履祥辑补，陈恒力校释，王达参校、增订：《补农书校释》，北京：农业出版社，1983 年，第62 页。

一等粪"①，丁宜曾也认为在所有的肥料中，以"人粪为上"②；牛粪细密且含有较多水分，所以腐熟发酵较慢，沈氏对此也有极为清醒的认识，认为"牛粪力长"③，即发挥肥力的时间较长，但却没有人粪那样因肥力强而导致烧苗的不良后果，较为温和，基于这种考虑，清人孙宅揆在给各类肥料排名时认为"凡粪以牛为上"，并对其他各种牲畜的粪便做肥料的效力给出了排名，认为"杂粪次之，食料马骡又次之。羊粪虽壮，然性板，实不堪蒸。用马骡不食料者，其粪棚雨亦薄劣无力"④，以现代科学来看，这也是非常有道理的。油饼肥料含有的氮、磷、钾等养分都比其他肥料高很多，所以在肥料的排名中比大粪更为靠前，蒲松龄就认为在肥效上"麻油酱为上，大粪次之"⑤；宋应星根据实践经验，对不同类型的油饼肥料的肥效进行了排名，认为"榨油枯饼，枯者，以去膏而得名也。胡麻、莱菔子为上，芸薹次之，大眼桐又次之，樟、柏、棉花又次之。"⑥

当然，以经验性的试错法为主要方法论的古代施肥实践也并不是完美无缺的，某些施肥法就遭到了现代人的猛烈抨击，如古人经常把草木灰和含氮的粪便一起使用，《沈氏农书》中的"若平望买猪灰及城钲买坑灰"⑦，所买来的即是猪粪便与草木灰以及人粪便与草木灰的混合物，甚至《稼圃辑》还很推崇这种方法，认为"灰、粪均调为上，麦浇芽，菜浇

① （清）杨屾撰，郑世铎注：《知本提纲》，载王毓瑚辑：《秦晋农言》，上海：中华书局，1957年，第38页。
② （清）丁宜曾著，王毓瑚校点：《农圃便览》，北京：中华书局，1957年，第16页。
③ （清）张履祥辑补，陈恒力校释，王达参校、增订：《补农书校释》，北京：农业出版社，1983年，第62页。
④ （清）孙宅揆撰：《教稼书》，载王毓瑚辑：《区种十种》，北京：财政经济出版社，1955年，第48页。
⑤ （清）蒲松龄撰，李长年校注：《农桑经校注》，北京：农业出版社，1982年，第41页。
⑥ （明）宋应星著，潘吉星译注：《天工开物译注》，上海：上海古籍出版社，2016年，第10页。
⑦ （清）张履祥辑补，陈恒力校释，王达参校、增订：《补农书校释》，北京：农业出版社，1983年，第64页。

花"①，根据陈恒力等人的调查，在太湖流域一带及南方某些地区，农民一向有将草木灰和粪便同时储存、使用的习惯，这种施肥方法遭到了现代科学施肥工作者的严厉批评，中华人民共和国成立后众多关于肥料的书籍与手册都认为这样做会导致草木灰中的碳酸钾等碱性物质与粪便中的铵起作用，造成部分氮素的挥发损失，从而影响肥效的发挥。②农史学家们也持有相同的看法，如针对陈旉的"凡农居之侧，必置粪屋，低为檐楹，以避风雨飘浸。且粪露星月，亦不肥矣。粪屋之中，凿为深池，甃以砖甓，勿使渗漏。凡扫除之土，烧燃之灰，簸扬之糠秕，断稿落叶，积而焚之，沃以粪汁，积之既久，不觉其多。"③农史学家对此评论道："粪汁和燃烧之灰接触，粪汁发酵所产生的铵盐，和草木灰中的碳酸钙发生化学作用，容易使氨气飞散损失。这是古人不懂化学的缘故。"④其实二者混用时氮的损失量并不是很大，施肥后在庄稼的长势中看不出来差别，在没有精密科学仪器可供测量的时期，仅凭借着农民肉眼的观察，很难发现其养分的损失；更为重要的是这种方法主要是基于卫生的考虑，草木灰是农家常备的东西，用它来掩盖粪便阻止厕所发出的难闻的气味以及用它来为猪、牛做为垫圈的材料具有很好的阻隔性与吸水性，所以倍受推崇，如《教稼书》中就记载，把厕所里的"大小便由砌沟中一滚入缸，时以灰盖之，洁净无比"，甚至把粪缸里的粪掏出后，还要"微灰拌和"⑤。在传统时代，施肥技术是与农家生活的其他方面紧密结合在一起的，是一个有机统一的整体，并不能单纯从肥效最大的角度上来考虑。

---

① （明）王芷撰：《稼圃辑》，《续修四库全书977子部·农家类》，上海：上海古籍出版社，2002年，第235页。

② 中国农业科学院土壤肥料研究所主编：《中国肥料概论》，上海：上海科学技术出版社，1962年，第167页。

③ （宋）陈旉著，万国鼎校注：《陈旉农书校注》，北京：农业出版社，1965年，第34页。

④ 中国农业科学院，南京农学院中国农业遗产研究室编：《中国农学史（初稿）下册》，北京：科学出版社，1984年，第43页。

⑤ （清）孙宅揆撰：《教稼书》，载王毓瑚辑：《区种十种》，北京：财政经济出版社，1955年，第48-449页。

五、宋代以降农业中的真实施肥技术

在宋代至清代这段漫长的时间内，施肥技术得到了较大的发展，以石灰、豆饼为代表的新型肥料在江南很多地区被施用到农业施肥实践中，改变了肥料的结构，使作物在生长期内能够均衡获得各种养分；某些农业发达地区的某些有资本的地主或农民能够在作物的生长过程中再施加追肥，以便在底肥耗尽后能够继续为作物的生长、结实提供后续养分，这些施肥技术提高了农作物的总产量；且彼时农民业已通过实践悟出各种肥料所含肥效的高低，能够在施肥时把长效肥料与速效肥料结合起来使用；同时能够根据农田的土壤状况、种植作物的种类以及施肥的时节来分别施加适宜的肥料，做到了施肥的"土宜""物宜"与"时宜"，在各自的农业小环境中根据具体的地方情况"用粪得理"，达到了前科学时代所能达到的技术极限。白馥兰对此评价道：

> 中国农民单凭经验，便很好地掌握了施肥的实际原理，他们知道施用有机肥料除了能够营养作物之外，还可以改进土壤结构，提高保水力。他们掌握的知识不过如此了，因为只是随着最近两个世纪以来植物学和分析化学的发展，我们才能够进一步了解植物营养过程以及土壤中的化学成分。[①]

但这些施肥技术的施用是局限在一定的范围之内的，并不是在整个社会中获得普及性的应用，即使在农业生产最为发达的江南地区，由于受到地域、种植结构与技术施用者贫富状况等因素的制约，追肥技术与豆饼的使用也并没有得到普及，直至民国时期，在卜凯（John Lossing Buck）的调查中还是显示中国大多数农民由于资本不足及肥料不足而未能使用足够

---

① ［英］Joseph Needham, Science and Civilisation in China, Volume 6 Part II: Agriculture, by Francesca Bray, Cambridge University Press, 1984, pp297.

的肥料，"在水稻地带，资本不足为较要之原因。而在小麦地带，则为肥料不足。"①

---

① ［美］卜凯主编:《中国土地利用》，金陵大学农学院农业经济系出版，民国三十六年（1947年），第340页。

结 语

> 盖学与术异。学者考自然之理，立必然之例。术者据既知之理，求可成之功。学主知，术主行。
>
> —— 严复《原富·引论》

> 夫农民习其事而不明其理，惟以循常蹈故为安；吾侪读书稽古，明其理矣，而于事未习，弗躬弗亲，庶民弗信。
>
> —— 林则徐《江南催耕课稻编（序）》

　　虽然历史学界业已在中国历史的去西方化方面进行了诸多有益尝试，早在 20 个世纪 70 年代，柯文（Paul A. Cohen）等学者就开始尝试摆脱费正清所提出的"冲击—回应"模式，认为这是一种典型的以西方价值观来认识中国的模式，他们提出"中国中心观"，主张通过探究中国内部自身的发展规律来研究中国近现代史。而在科技史领域，这种去西方化的转变却发展异常缓慢，直至今天相关成果还是寥寥无几①，这或许是因为现在被我们称之为"科学"的这种东西本来就是舶来品，是特指在近代西方兴起的科学，所以科技史家们认为整个世界的科技史都应该是统一的历史，没有"中国"自己独特的科技史之存在。以这种观点去看中国古代历史上的发明与创造，科学史家们要么去寻找某个现代科学规律或定律在中国古代的类似表述，要么就以古代的某些观点来附会现代科学，在涉及技术史之时，他们也严格将技术的"进步"作为衡量的标尺，要么去考察某个器具在功用上逐渐完善的过程，要么就把目光锁定在地图与本草、生物图谱精度的提高上，努力地寻找古代中国对近代科学的发展某些可能存在的贡献，寻找近代科学"百川归海"中的中国元素。但对于历史上这些"科学"与"技术"发展的土壤、社会背景及其在当时的意义等"河岸风光"却大多被他们忽略掉②，虽然也有一些学者呼吁过科技史的本土化研究，他们之中也有一部分人做过某些工作，但从总体来看，这些学者大多是科技哲学家，他们的兴趣并不在对历史事实的探求，搜集史料的目的大多也仅是为证明自己的理论，仅将合乎其理论的史料汇集起来增强自己观点的说服力。本研究通过对宋至清代肥料史的仔细剖析，认为中国古代士大夫们在解释自然现象和发明新技术上都有强烈的独特性，其内在逻辑与西方现代科学的思维模式有着根本的不同，构成其"科学"的基本成分不是分析、实验、综合、归纳等手段，而是"气""阴阳""五行"等概念，而中医和炼丹术等技艺由于发展高度成熟也成为中国古代知识分子在"格物致知"时所利用的理论工具，他们依据这套工具建构的施肥理论，虽然在某些形式上与西方近代科学的基础上发展起来的施肥原理有相似的外

---

① 中国科技史研究去西方化的成果主要有韩国学者金永植的《朱熹的自然哲学》，白馥兰的《技术与性别——晚期帝制中国的权力经纬》以及薛凤的《万物的工艺：17世纪中国的知识和技术》(The Crafting of the 10 000 Things: Knowledge and Technology in Seventeenth-century China)，中国学者对此方面论著则较少，但江晓原和黄一农对天文社会史的研究和某些学者对古代博物学传统的关注应视作这方面的代表性成果，农史学界郭文韬、樊志民、严火其、惠富平及胡火金等学者对农学思想史的研究，也可以被视作对本土化农学理论的探索。

② 孙小淳：《从"百川归海"到"河岸风光"——试论中国古代科学的社会、文化史研究》，《自然辩证法通讯》2004年第3期。

核，但其出发点和思路则完全不同，不能据此就认为中国古人也曾正确地揭示了土壤肥料的理论。中国古代的知识阶层还依据他们的理论来研制新式肥料，由于其依据的仅仅是自己建构的理论而没有按照实践得出的认识来配比各种肥料成分的比例，使得其耗费极大心血制造的新型肥料在实效上并没有太大的优势，直到晚清近代西方科学传入后我国，人们才真正了解施肥的原理与各种肥料的具体化学成分。

本书的主线是探寻士人农学与农民农学在传统时代的肥料发展史中各自所扮演的角色，这是两个不同"知识群"之间的比较，并不是像前人所认为的那样二者的差别仅体现在显性知识与隐性知识简单的二分法中，即士人的知识属于显性知识，而农民的知识属于隐性知识。农民农学也并不能被詹姆斯·斯科特（James C. Scott）所提出的实践知识的轮廓——"米提斯"或吉尔兹（Clifford Geertz）的地方性知识的概念所能尽数囊括的，尽管他们的理论很适于阐释现代科学农业背景下的科学家和农民的关系，因为现代的科学知识是由科学家来制造，然后只在单一方向上流动，即从科学到技术，从实验室到工厂与农田[①]。在古代社会中，情况要比这复杂得多：古代士人的农学知识有三种主要来源：第一种是通过阅读前辈或同侪的相关农业论著来获取的知识，即贾思勰所说的"采捃经传"。第二种是通过自身的农学实践与农事实验来"格物致知"得到的知识，即贾氏所说的"验之行事"。第三种是请教于经验丰富的老农或根据民间的农业实践得来的知识，即贾氏所言的"询之老成"和"爰及歌谣"。士人农学是由这三部分知识组成的一个综合知识体系；而农民农学大致上也有三类来源，第一类是从父辈或乡邻那里获取的农学知识，第二类是自己在从事农业生产时积累的相关实践知识，第三类则是从政府官员和士人那里获取到的知识，也是一个综合知识体系。

在这里，笔者想引入"大传统"与"小传统"的概念，这两个概念是美国人类学家罗伯特·雷德菲尔德（Robert Redfield）在其名著《农民社

---

① 〔美〕Francesca Bray, Science, Technique, Technology: Passages between Matter and Knowledge in Imperial Chinese Agriculture, The British Journal for the History of Science, Vol. 41, No.3 (Sep. 2008), p322.

会与文化》（Peasant Society and Culture）中提出的，他认为社会上的所有人可被分为两大类；即从事耕种的农民和比农民更具城市气息的精英阶层①，基于此，他认为社会上存在着两种传统：

> 在某一种文明里面，总会存在着两个传统；其一是一个由很少的一些善于思考的人们创造出的一种大传统，其二是一个由为数很大的、但基本上是不会思考的人们创造出的一种小传统。大传统是在学堂或庙堂之内培育出来的，而小传统则是自发萌生出来的，然后它就在它诞生的那些乡村社区的无知的群众的生活里摸爬滚打挣扎着持续下去。②

这个概念本来是被用在社会文化领域的，比如作者举例《圣经·旧约》中的很多道德原则原本只是部落里流行的一些道德准则，古代的神学家和哲学家将其整理、筛选后被归纳入《圣经》，而通过《圣经》的传播，这些道德教诲又被传回到各地的农民社区中去。③ 由于这个概念是按照人群而非知识的类别来划分的，且这个概念的来源正是农业社会中的精英分子与普通农民，与笔者在本书中所提及的士人农学与农民农学高度契合，因此，笔者将这个概念借用到技术史的研究中，用它来讨论两种农学之间的关系。

伊懋可认为中国科技水平在宋代以后明显衰退的原因之一是中国未曾出现像欧洲早期出现的那种科学共同体（network of science），那些走在科学与技术前沿的人们彼此之间没有相应的交流和反馈。④ 本书通过对肥料问题的研究则对这种观点提出了商榷，士人农学的"大传统"中知识的

---

① ［美］罗伯特·雷德菲尔德著，王莹译:《农民社会与文化》，北京：中国社会科学出版社，2013 年，第 84 页。

② ［美］罗伯特·雷德菲尔德著，王莹译:《农民社会与文化》，北京：中国社会科学出版社，2013 年，第 95 页。

③ ［美］罗伯特·雷德菲尔德著，王莹译:《农民社会与文化》，北京：中国社会科学出版社，2013 年，第 97 页。

④ ［英］Francesca Bray, Technology, Gender and History in Imperial China, Routledge, 2013. pp24.

来源之一即是有经验的老农或民间的歌谣、谚语，这些老农或民间的经验被士人做了系统化、理论化的整理，有些被纳入士人农学中；而士人的知识又通过撰写农书或以"劝农"的方式回归到农民当中，构成了农人农学的一部分。正如雷德菲尔德所说的那样，两种传统"虽各有各的河道，但彼此却常常相互溢进和溢出对方的河道"①。

在士人的技术大传统中，由于士人农学知识的构成有三个来源，所以须分三部分来叙述：士人在通过阅读前人或同侪的农学著作获取知识时，一方面由于自身具有的渊博学识，能够将前人文字文本或图像文本中的农学知识进行解码，将其中所囊括的农学知识转化为农法或农具来传播给农民；另一方面，由于有时未能理解前人著述中某些农业技术的真正含义及受到前人理论、想法的限制与制约，而未能有效地促进肥料技术的发展，本书第五章中的煮粪法就是士人对前人溲种法的错误解码。在通过自己的农学实践来获得肥料知识时，有少数识字的经营性地主或者诸如徐光启之类的倡导实学的官吏对农业实验有着浓厚的兴趣，例如明末的地主沈氏就是"凡田家纤悉之务，无不习其事，而能言其理②，他在经营农场时对下追肥的时机和肥料的性能都提出了独特的见解；而徐光启也是通过实验搞清楚了北方壅菜壅棉的诀窍，还对各地施肥的数量进行了定量比较；但士人在进行农事实验时有时囿于会拘泥于传统阴阳、五行、炼丹学说，而使得他们创造的新知识并没有产生作用，第五章中徐光启、王龙阳等人制造的粪丹即是一个证明。士人在记录农民或民间的技术并加以传播的方面起到了很大的作用，士人把各地农民的实用知识记录下来并通过其他学者、官吏的援引和阅读，经由劝农等方式从一个地区传播到其他的地区，在一定程度上促进了先进技术的流动与扩散。当然，这种技术传播成效的大小还要受到环境、经济、社会等一系列因素的制约。同时由于士人具有较为广博的知识与见识，所以他们不但能够在某种程度上把农民在实践中获得的隐性农学知识通过文字这种载体给予显性化，还能够在农民的原始创新

---

① ［美］罗伯特·雷德菲尔德著，王莹译：《农民社会与文化》，北京：中国社会科学出版社，2013年，第97页。
② （清）张履祥辑补，陈恒力校释，王达参校、增订：《补农书校释》，北京：农业出版社，1983年，第9页。

的基础上进行二次创新，在一定的程度上促进了农业技术的改良与传播。

在中国古代，不同于天学、算学等主要通过皇家设置的相关机构和士人学者的聪明才智才得以发展的学科，农学是一门经验性的科学，农学不单需要士人的"格物致知"，更需要农民的"实践出真知"，农民在农事实践中积累的经验与从中获得的知识才是当时农业发展的主要动力，所以撰写农书的士人经常在书中提及"老农"或"老圃"的农业经验并高度评价他们的实践。德国化学家李比希惊诧于中国三千年的耕作没有导致土壤衰竭，肥力始终保持着肥沃的状态，他在第49封"化学信"的开头写道："我想向我们的农业教师们介绍另一个民族，他们没有任何科学的指导却找到了我们的教师在盲目中徒劳地搜寻的智慧之宝"①，这正是农业实践在其中所起的作用。本研究也显示正是农民勤勤恳恳地搜集各式各样的肥料与在试错法的基础上获得的关于肥效、施肥技术及土壤、作物与肥料的关系的诸多正确知识，才能适应当地的小环境并能够在农业实践中发挥重大的作用，农民通过祖辈传下来的及自己在实践中获取的肥料知识才是古代肥料技术得以发展的主要原因，这点与在其他国家农业的研究中得出的结论也基本一致，即"农业上所有的进步实际上都来自于田间，而不是来自于工业和科学"②。另外，农人虽然在长期农业实践中积累了诸多经验性知识，但却因其所受的教育有限，只能像庄子《轮扁斫轮》故事中讲述的制作车轮的匠人一样，其知识虽"得之于手而应于心"，他们亦明白"有数存焉于其间"，但这种"数"却口不能言，"臣不能以喻臣之子，臣之子亦不能受之于臣"③，这种知识被学者称为"在体知识"（embodied knowledge）或"技艺"，这些口不能传的知识的存在也在一定程度上限制了农业技术的传播。

同时，从本研究中也可以看出，在传统时代的肥料领域，士人肥料知

---

① ［德］约阿希姆·拉德卡，王国豫，付天海译：《自然与权力——世界环境史》，保定：河北大学出版社，2004年，第122页。

② （美）詹姆斯·C.斯科特著，王晓毅译：《国家的视角——那些试图改善人类状况的项目是如何失败的（修订版）》，北京：社会科学文献出版社，2012年，第415页。

③ （战国）庄子著，方勇译注：《庄子》，北京：中华书局，2010年，第222页。

识"大传统"的基本载体是农书，这些农书中的知识虽有部分采自于农民的小传统，但其中亦包含着相当多的来自其他文人文本或士人自身在农事实践活动中所获得的知识，我们可以从中看出士人对肥料问题所做的理论化叙述和总结，但不能将其当作真实的民间"小传统"而用它对当时的农业经济和技术水平进行推测和计算，这样只会得出高于"小传统"的一幅经济／技术发展的"虚像"。"大传统"与"小传统"概念在技术史中的应用不但可以让我们更好区分士人和农民这两个群体在农业发展中各自所起的作用，更好地还原真实的技术发展图像，还能让我们在思考工匠／农民／庶民与学者／官员／精英的关系时能抛弃显性知识／隐性知识、通用知识／地方知识、精英思想／庶民思想这样的简单二分法，为不同人群知识、思想的比较提供更为复杂精确的视角。

当然，正如白馥兰所说："对一个国家采矿业的研究将提供不同于对烹调研究所得出的对于社会构成的洞见"①，上述关于士人农学与农民农学在农业发展中所起的作用的结论也不能脱离肥料学史的具体案例而被任意延伸到农业生产的其他领域，诚然传统时代人们对肥料科技知识的懵懂无知可以从最大程度上窥见士人的思想和他们对理论的构建过程，但肥料史中所特有的"粪大力勤"和施肥的"三宜"原则在某种程度上也削弱了士人在其中所发挥的作用。同时值得注意的一点是，本书采用的"士人／农民"的二分法仅是根据古人的标准来划分的，其实内部亦需要进一步地深化，比如在士人内部，官员和地主由于自身性质的不同，其农学知识的获取途径及对传播农学知识的兴趣肯定存在着明显的差别；在农民内部，不同阶层（富农、自耕农或佃农）和不同文化程度（粗通文墨或目不识丁）的农民对农业技术的选择和对农学知识的获知渠道也不尽相同。要想获得关于传统时代中国农业发展中士人农学和农民农学之间交汇、分离、融合的具体关系，还有赖学人们在农具、水利、耕作、树艺、畜牧等诸多其他领域进行更多深入的个案研究。

---

① ［美］白馥兰著，江湄，邓京力译：《技术与性别：晚期帝制中国的权力经纬》，南京：江苏人民出版社，2010年，第3页。

附录1

明代农书中所载主要作物之施肥方法

作物名称	出处	基肥或种肥	追肥
水稻	《致富奇书》	秧田：撒种，盖以稻草灰	稻苗旺时，将灰粪或麻豆饼屑撒入田内
		河泥、灰粪为上，麻豆饼次之，先匀入田内，然后插秧，各随土性所宜	
	《吴兴掌故集》	初种时必以河泥作底，其力虽慢而长	伏暑时稍下灰或菜饼，其力亦慢而不迅疾
			立秋后交处暑始下大肥壅，则其力倍而穗长矣
	《便民图纂》	或河泥，或麻、豆饼，或灰粪，各随其地土所宜	揚稻后，将灰粪或麻、豆饼屑撒入田内
	《沈氏农书》	秧田：罱泥铺面每秧一亩，壅饼一片，细舂，与种同撒，即以灰盖之	逐月事宜：七月杂作下接力
		若壅灰与牛粪，则撒于初倒之后，下次倒入土中更好	俟抽穗之后，每亩下饼三斗，自足接其力
		若平望买猪灰及城钲买坑灰，于田未倒之前棱层之际，每亩撒十余担，然后锄倒，彻底松泛，极益田脚	
	《群芳谱》	青草或粪穰灰土厚铺于内	揚稻后，将灰粪或麻、豆饼撒田内
	《树艺篇》	秧田：犁秧田，其田须犁耙三四遍，用青草厚铺于内，盦烂打平，方可撒种，烂草与灰粪一同则秧肥旺	

（续表）

作物名称	出处	基肥或种肥	追肥
水稻	《天工开物》	南方稻田，有种肥田麦者，不冀麦实。当春小麦、大麦青青之时，耕杀田中，蒸罨土性	
	《致富奇书》（日本内阁文库藏明刊木村兼堂本）	或河泥、塘泥、或麻饼、豆饼，每亩下三十斤，和灰粪，或棉花子饼，每亩下二百斤。将插禾之前一日，将棉饼化开，匀摊田内秒，然后插秧，或灰粪，各随土所宜	揚稻后，将灰粪或麻饼、豆饼屑撒入田内
	《稼圃辑》	壅田麻饼、豆饼每亩可三十斤，和灰粪或棉花饼，每亩下二百斤。插秧前一日，将棉花饼化开，匀摊田内。秒转，然后插秧	揚稻后，将下壅撒入田内
麦	《致富奇书》	白露后，将田锄熟，掘深沟，以灰拌匀密种	
	《致富奇书》（日本内阁文库藏明刊木村兼堂本）	下种以灰粪盖之，谚云：无灰不种麦。须灰粪均调为上	
	《天工开物》	陕洛之间，忧虫蚀者，或以砒霜拌种子	
		南方所用，惟炊烬也	
	《法天生意》	耕过稀种绿豆，候七月间豆有花，犁翻豆秧入地。胜如用粪	
	《群芳谱》	肥地法，种绿豆为上，小豆、芝麻次之。皆以禾、黍末一遍耘时种，七八月耕掩土底，其力与蚕沙、熟粪等，种麦尤妙	
	《沈氏农书》	麦要浇子……麦沈下浇一次	逐月事宜：十月天晴浇菜麦；正月天晴浇菜麦
			春天浇一次
			撒牛壅，锹沟盖之
	《农政全书》		理沟时，一人先运锄，将沟中土耙垦松细。一人随后持锹，锹土匀布畦上，沟泥既肥，麦根益深矣

作物名称	出处	基肥或种肥	追肥
麦	《稼圃辑》	种麦以灰粪盖之，谚云：无灰不种麦。灰粪均调为上	麦浇芽
	《便民图纂》	下种以灰粪盖之，谚云：无灰不种麦，灰粪均调为上	
旱稻	《吴兴掌故集》	治地毕，豫浸一宿，然后打撺下子，用稻草灰和水浇之	每鉏草一次浇粪水一次，至于三即秀矣
	《农政全书》	每亩须粪二十余石	
棉花	《便民图纂》	于粪地上每一尺作一穴	
	《张五典种法》	或生地用粪，耕盖后种	或花苗到锄三遍，高耸，每根苗边，用熟粪半升培植
	《农政全书》	凡棉田，于清明前先下壅。或粪，或灰，或豆饼，或生泥，多寡量田肥瘠。剉豆饼，勿委地，仍分定畦畛，均布之	
		有晚种棉，用黄花苕饶草底壅者	
		下粪须壅泥前，泥上加粪，并泥无力	
	《农遗杂疏》	壅田下种 凡棉田，于清明前先下壅。或粪，或灰，或豆饼，或生泥，多寡量田肥瘠。剉豆饼，勿委地，仍分定畦畛，匀布之	苗长后，笼干粪，视苗之瘠者辄壅之
	《致富奇书》（日本内阁文库藏明刊木村兼堂本）	以灰拌匀	须用大粪浇之，或桐油和粪水浇之
	《稼圃辑》	先将种子用水浸片时，漉出，以灰拌匀	须用大粪浇之，或桐油和粪水浇之
甘薯	《甘薯疏》	腊月耕地，以大粪壅之	
		至春分后下种，先用灰及剉草，或牛马粪和土中，使土脉和缓，可以行根，重耕地二尺许深	
	《群芳谱》	须岁前深耕，以大粪壅之，春分后下种	

（续表）

作物名称	出处	基肥或种肥	追肥
甘薯		若地非沙土，先用柴灰或牛马粪和土中，使土脉散缓与沙土同，庶可行根	
	《农政全书》	腊月耕地，以大粪壅之	
		至春分后下种，先用灰及剉草，或牛马粪和土中，使土脉散缓，可以行根，重耕地二尺深	
麻	《臞仙神隐》	以灰拌种，如撒子，以土灰和腐草盖	待叶出，则删耘，宜带露撒灰耘粪三两次
	《多能鄙事》	种宜蚕矢	
	《便民图纂》	撒后以灰盖之	布叶后，以水粪浇灌之
	《致富奇书》	春间以灰拌子、撒种、肥地，盖以土灰肥草	叶生后带露芟耘，趁天阴浇粪
	《农政全书》		凡苗长数寸，即用粪和半水浇之。割后旋浇，浇必以夜，或阴天；日下浇苎，有锈瘢。又最忌猪粪
	《三才广志》	以土灰拌种或撒子以土灰和腐草盖	布叶则删耘，宜带露撒灰耘粪三两次
	《沈氏农书》		浇麻秧
	《养余月令》	以土灰拌种撒之，又以土和粪草盖	宜待露，撒灰粪三两次
油菜	《沈氏农书》	菜比麦倍浇，又或垃圾、或牛粪，锹沟盖	逐月事宜：十月天晴浇菜麦；十二月天晴浇菜；正月天晴浇菜麦；二月天晴下菜壅、锹沟浇菜秧
			再浇煞花
	《致富奇书》（日本内阁文库藏明刊木村兼堂本）	移栽时"用土压其根，粪水浇之"	浇不厌频
桑	《多能鄙事》	熟耕地，着粪如种菜法，作畦种之	生高一尺又粪一次

（续表）

作物名称	出处	基肥或种肥	追肥
桑			明年初春移之，根下着粪；至秋又掘根下着粪，以土培之
	《沈氏农书》		逐月事宜：三、四、五月天晴浇桑秧
			根不必多，刷尽毛根，止留线根数条。四方排稳，渐渐下泥筑实，清水粪时时浇灌，引出新根
			地面要平，使不受水；沟不要深，则不走肥，随罱泥盖土，虽遇春雨，久亦无害。惟未春先下壅，令肥气浸灌土中，一行根便得力，桑眼饱绽，各个有头，叶必倍多
			清明边，再浇人粪，谓之"撮桑"，浇一钱，多二钱之叶
			剪桑毕，再浇人粪，谓之"谢桑"，浇一钱多一钱之叶
			桑不兴，少河泥。罱泥第一要紧事……每年冬春间罱一番
	《蚕经》	其初艺之壅也，以水藻，以棉花之子。壅其本，则暖而易发	其翻也，必尺许，灌以纯粪，遍沃于桑之地，使及其根之引者
			初春而修也，去其枝之枯者、树之低小者，启其根而粪泥壅之，不然则也迟而薄

（续表）

作物名称	出处	基肥或种肥	追肥
桑			腊月开塘而加粪，即壅之以土泥，或二或三
			六七月之间乃去其虫，开塘加粪，壅土宜迟
	《农政全书》	以豆饼，以棉饼，以麻饼，以猪羊牛马之粪	
	《种树书》		每年两次，用粪或蚕沙，添肥土
			开根用粪土培壅

中国古代肥料史年表 ①

约公元前 1600—约前 1046 年　☆甲骨文中开始有粪田的记载。

◇**屎坐足，乃坌田**等甲骨卜辞表明我国劳动人民早在殷商时期已开始在农田中施肥。②

公元前 770—前 221 年　☆使用以肥改土的"土化之法"。

◇《周礼·地官·草人》："草人掌土化之法以物地，相其宜而为之种。凡粪种，骍刚用牛，赤缇用羊，坟壤用麋，渴泽用鹿，咸潟用貆，勃壤用狐，埴垆用豕，强㯺用蕡，轻爨用犬。"

公元前 475—前 221 年　☆《禹贡》根据土壤的色泽、肥力等特征对土壤进行分类，并记载了当时全国九州的土壤分布状况。

◇《禹贡》："冀州……厥土惟白壤，厥赋惟上上，错，厥田惟中中；兖州……厥土黑坟……厥田惟中下，厥赋贞；青州，厥土白坟、海滨广

---

① 本年表是在参考《中国农史系年要录（科技编）》《自然科学发展大事件（农学卷）》《中国科学技术史（年表卷）》的基础上增订而成的，具体为增添了若干项新加事项，并对标志性技术出现的时间进行了更精确的校准。☆代表标志性事项，◇代表文献出处。

时间的计算方法：只能精准到朝代的事件按照王朝的起始时间来写，在著作中被提及事件的时间，除了有具体时间标注的外，其余时间均为著述完成时间。

② 具体请参见胡厚宣《殷代农作施肥说》《殷代农作施肥补证》与《再论殷代农作施肥问题》。

斥。厥田惟上下，厥赋中上；徐州，厥土赤埴坟……厥田惟上中，厥赋中中；扬州，厥土惟涂泥……厥田惟下下，厥赋下上，上错；荆州，厥土惟涂泥，厥田惟下中，厥赋上下；豫州，厥土惟壤，下土坟垆，厥田惟中上，厥赋错上中；梁州，厥土青黎，厥田惟下上，厥赋下中、三错；雍州，厥土惟黄壤，厥田惟上上，厥赋中下。"

公元前475—前221年　☆已经知道河泥具有肥田的功效。

◇《管子·轻重》"夫河埌诸侯，亩钟之国也，故谷众多而不理，固不得有。至于山诸侯之国，则敛疏藏菜，此之谓豫戒。"

公元前475—前221年　☆施肥见于文献记载。

◇《韩非子·解老》："积力于田畴，必且粪灌"。

◇《荀子·富国》："掩地表亩，刺草植谷，多粪肥田，是农夫众庶之事也。"

◇《孟子·万章下》："耕者之所获，一夫百亩，百亩之粪，上农夫食九人。"

◇《礼记·月令》："是月也，土润溽暑，大雨时行，烧薙行水，利以杀草，如以热汤，可以粪田畴，可以美土疆。"

公元前246—前95年　☆通过淤灌用泥粪来改良土壤。[①]

◇《史记·河渠书》："（郑国渠）渠就，用注填阏之水，溉泽卤之地四万余顷，收皆亩一钟，于是关中为沃野，无凶年。"

◇《汉书·沟恤志》："泾水一石，其泥数斗，且溉且粪，长我禾黍。"

公元前206—220年　☆使用人厕连猪舍的养猪积肥方法。

◇江苏沛县、湖南郴州、河南新乡等地出土的汉代与厕所连接的"连茅圈"，体现了我国古代将畜粪和人粪收集在一起来肥田的积肥模式。

---

① 这两个年份是郑国渠和白渠修建的年份，而史料都指建成后的灌溉功效，有一定时间差。

公元前 105—前 87 年　☆绿肥作物苜蓿从西域传入中原。

◇《史记·大宛列传》："大宛……马嗜苜蓿，汉使取其实来，于是天子始种苜蓿。"

公元 60—89 年　☆总结出多施肥改良土壤的经验。

◇《论衡·率性篇》："夫肥沃硗埆，土地之本性也。肥而沃者性美，树稼丰茂；硗而埆者性恶，深耕细锄，厚加粪壤，勉致人功，以助地力，其树稼与彼肥沃者相似类也。"

公元前 33—前 7 年　☆追肥技术、腐熟肥料首次见于文献记载。

◇《氾胜之书》："树高一尺，以蚕矢粪之，树三升；无蚕矢，以溷中熟粪粪之亦善，树一升。"

公元前 33—前 7 年　☆种肥技术"溲种法"出现。

◇《氾胜之书》："取马骨，剉，一石以水三石煮之。三沸，漉去滓，以汁渍附子五枚。三四日，去附子，以汁和蚕矢羊矢各等分，挠。令洞洞如稠粥，先种二十日时，以溲种；如麦饭状。常天旱燥时，溲之，立干；薄布，数挠，令易干；明日复溲。天阴雨则勿溲，六七溲而止。辄曝，谨藏；勿令复湿。至可种时，以余汁溲而种之，则禾稼不蝗、虫。

5 世纪中期　☆首次提及人工种植绿肥的记载。[1]

《广志》："茊，草色青黄，紫华，十二月稻下种之，蔓延殷盛，可以美田。"

533—544 年　☆旧墙土首次被记载当作肥料。

◇《齐民要术》：种蔓菁"唯须良地，故墟新粪坏墙垣乃佳。若无故墟粪者，以灰为粪，令厚一寸，灰多则燥，不生也。"

---

[1]　王利华：《〈广志〉成书年代考》，《古今农业》1995 年第 3 期。

533—544 年　☆指出使用生粪施肥的坏处。

◇《齐民要术》："凡生粪粪地，无势；多于熟粪，令地小荒矣。"

533—544 年　☆认识到不同绿肥作物的肥效差异。

◇《齐民要术》："凡美田之法，绿豆为上；小豆、胡麻次之。悉皆五六月中穞种。七月八月，犁稀杀之。为春谷田，则亩收十石；其美与蚕矢、熟粪同。"

712—755 年　☆茶树施肥被首次记载。

◇《山居要术》："种茶：二月中于树阴下，或背阴之地，开坎，方圆三尺，深一尺，熟劚着粪壤，每方下五六十颗子。……旱则以米泔浇之……二年以后即耘治，以水和稀粪、蚕砂浇之，不得令滋厚。为根尚嫩，恐伤根也。三年后，即得多着粪浇，牛粪蚕砂杂粪壤盖。"

618—1023 年　☆人工堆肥"踏粪法"首次被记载。

◇《齐民要术·杂说》："其踏粪法：凡人家秋收治田后，场上所有穰、谷稬等，并须收贮一处。每日布牛脚下，三寸厚；每平旦收聚，堆积之。还依前布之，经宿即堆聚。"

1068—1077 年　☆通过大规模放淤来改良农田。

◇《宋史·河渠五·河北诸水》："（熙宁二年，1069 年）叔献又引汴水淤田，而祥符、中牟之民大被水患，都水监或以为非。……（五年）闰七月，程昉奏引漳、洺河淤地，凡二千四百余顷。……（六年）九月丙辰，赐侯叔献、杨汲府界淤田各十顷。……八年正月，程昉言："开漳沱、胡卢河直河淤田等部役官吏劳绩，别为三等，乞推恩。"从之。三月庚戌，发京东常平米，募饥民修水利。四月，管辖京东淤田李孝宽言："矾山涨水甚浊，乞开四斗门，引以淤田，灌罢漕运再旬。"从之。深州静安令任迪，乞俟来年刈麦毕，全放滹沱、胡卢两河，又引永静军双陵口河水，淤瀛南北岸田二万七千余顷……（九年八月）遣都水监丞耿琬淤河东路田。……十年六月，师孟、琬引河水淤京东、西沿汴田九千余顷；七月，前权提点开封府界刘淑奏淤田八千七百余顷。"

1074 年左右　☆播种同时又下粪的工具粪耧出现。

◇韩琦《祀坟马上》："泉干几处闲机碓，雨过谁家用粪楼。"①

1149 年　☆"地力常新壮"理论提出。

◇《陈旉农书》："或谓土敝则草木不长，气衰则生物不遂，凡田土种三五年，其力已乏。斯语殆不然也，是未深思也，若能时加新沃之土壤，以粪治之，则益精熟肥美，其力当常新壮矣，抑何敝何衰之有？"

1149 年　☆提出"粪药说"，倡导合理施肥。

◇《陈旉农书》："《周礼》：'草人掌土化之法以物地，相其宜而为之种。'别土之等差而用粪治……皆相视其土之性类，以所宜粪而粪之，斯得其理矣。俚谚谓之粪药，以言用粪犹药也。"

1149 年　☆置"粪屋"来保存肥料。

◇《陈旉农书》："凡农居之侧，必置粪屋，低为檐楹，以避风雨飘浸。且粪露星月，亦不肥矣。粪屋之中，凿为深池，甃以砖甓，勿使渗漏。"

1149 年　☆出现了沤肥制作技术。

◇《陈旉农书》："聚糠稂法，于厨栈下深阔凿一池，结甃使不渗漏，每春米即聚砻簸谷壳，及腐稂败叶，沤渍其中，以收涤器肥水，与渗漉淆淀，沤久自然腐烂浮泛。"

1149 年　☆饼肥使用前的处理方法。

◇《陈旉农书》："若用麻枯尤善，但麻枯难使，须细杵碎，和火粪窖罨，如作曲样；候其发热，生鼠毛，即摊开，中间热者置四傍，收敛四傍

---

① 曾雄生：《下粪楼种发明于宋代》，《中国科技史杂志》2005 年第 3 期。

冷者置中间，又堆窖罨；如此三四次，直待不发热，乃可用，不然即烧杀物矣。"

1149 年　☆对大粪造成的粪毒有所了解，提倡用大粪前需先经过处理。

◇《陈旉农书》："切勿用大粪，以其瓮腐芽蘖，又损人脚手，成疮痍难疗。"

◇《陈旉农书》："若不得已而用大粪，必先以火粪久窖罨乃可用。"

1232—1298 年　☆出现了以牛粪、硫黄为肥料的催花法。

◇《齐东野语·马塍艺花》："凡花之早放者，名曰堂花，其法以纸饰密室，凿地作坎，缠竹置花其上，粪土以牛溲、硫黄，尽培溉之法。然后置沸汤于坎中，少候，汤气熏蒸，则扇之以微风，盎然盛春融淑之气，经宿则花放矣。"

1274 年　☆城市垃圾已成为农田的肥料之来源。

◇《梦粱录》：杭州"更有载垃圾粪土之船，成群搬运而去。"

1313 年　☆肥料被划分为苗粪、草粪、火粪、泥粪四大类。

◇《王祯农书》："又有苗粪、草粪、火粪、泥粪之类。苗粪者，按《齐民要术》云，美田之法，绿豆为上，小豆、胡麻次之。悉皆五六月穊种，七八月犁掩杀之。为春谷田，则亩收十石，其美与蚕矢、熟粪同。此江淮迤北用为常法。草粪者，于草木茂盛时芟倒，就地内掩罨腐烂也。记礼者曰：仲夏之月，利以杀草，可以粪田畴，可以美土疆。今农夫不知此，乃以耘除之草弃置他处，殊不知和泥渥漉，深埋禾苗根下，沤罨既久，则草腐而土肥美也。江南三月草长，则刈以踏稻田。岁岁如此，地力常盛。《农书》云：种谷必先治田。积腐稿败叶，划薙枯朽根荄，遍铺而烧之，即土暖而爽。及初春，再三耕耙，而以窖罨之肥壤壅之。麻枯、谷壳，皆可与火粪窖罨。谷壳朽腐，最宜秧田。必先渥漉精熟，然后踏粪入泥，荡平田面，乃可撒种。其火粪：积土，同草木堆叠烧之；土熟冷定，用碌碡碾细用之，江南水多地冷，故用火粪。种麦、种蔬尤佳。又凡退下一切禽兽毛羽亲肌之物，最为肥泽，积之为粪，胜于草木。下田水冷，亦有用石灰为粪，则土暖而苗易发。然粪田之法，得其中则可，若骤用生粪，及布粪过多，粪力峻热，即烧杀物，反为害矣。大粪力壮，南方治田之家，常于田头置砖槛，窖熟而后用之，其田甚美。北方农家亦宜效此，利可十倍。又有泥粪，于沟港内乘船，以竹夹取青泥，枕泼岸上；凝定，栽成块子，担去同大粪和用，比常粪得力甚多。"

1313 年　☆惜粪如金、粪田胜如买田等谚语已在社会中流传。

◇《王祯农书》："夫扫除之猥，腐朽之物，人视之而轻忽，田得之为膏润。唯务本者知之，所谓惜粪如惜金也，故能变恶为美，种少收多。谚云：粪田胜如买田，信斯言也。"

1502 年　☆豆饼被记载当做肥料使用。①

◇《便民图纂》："稻禾全靠粪浇根，豆饼河泥下得匀""壅田：或河泥，或麻、豆饼"。

1534—1535 年　☆对施肥过多引起贪青疯长的现象有了解救方法。②

◇《农说》："今有上农，土地饶，粪多而力勤，其苗勃然兴之矣，其后徒有美颖而无实栗，俗名肥膒，此正不知其抑损其过而精洸者耳，其法何以断其浮根，剪其附叶，去田中积污，以燥裂其肤理则抑矣。"

1560 年　☆洗浴水被用来肥田。

◇《吴兴掌故集》："山中夜必澡浴，寒暑无间，此不但薪水易办，亦

---

① 徐光启在《农政全书》中转引《农桑通诀》说莲藕施肥"或粪或豆饼壅之则益盛"，据此有人称元代《王祯农书》为最早有豆饼作为肥料之记载，然遍检《王祯农书》各个版本，并无此句，此句最先出自《便民图纂》，或许是徐光启抄自《便民图纂》而误写为《农桑通诀》。

② 倪根金，卢家明：《明代农学家马一龙及〈农说〉再探》，《中国农史》2001年第 4 期。

资澡水肥田也。"

1578 年　☆已知晓绿豆翻压掩青以开花期为最佳。①
◇窥玄子《法天生意》："耕过稀种绿豆，候七月间，豆有花，犁翻豆秧入地，胜如用粪，麦苗易茂。"

1591 年　☆系统指出基肥和追肥各自的作用，"接力"名词首次出现。
◇《宝坻劝农书》："用粪时候，亦有不同，用之于未种之先，谓之垫底；用之于既种之后，谓之接力。垫底之粪在土下，根得之而愈深；接力之粪在土上，根见之而反上。故善稼者皆于耕时下粪，种后不复下也。大都用粪者，要使化土，不徒滋苗。化土则用粪于先，而使瘠者以肥，滋苗则用粪于后。徒使苗枝畅茂而实不繁。故粪田最宜斟酌得宜为善，若骤用生粪及布粪过多，粪力峻热，即烧杀物，反为害矣。故农家有'粪药'之喻。谓用粪如用药，寒温通塞，不可误也。"

1591 年　☆对六种传统的肥料制作方法予以命名。
◇《宝坻劝农书》："其制粪亦有多术，有踏粪法、有窖粪法、有蒸粪法、有酿粪法、有煨粪法、有煮粪法，而煮粪为上。南方农家凡养牛、羊、豕属，每日出灰于栏中，使之践踏，有烂草、腐柴，皆拾而投之足下。粪多而栏满，则出而叠成堆矣。北方猪、羊皆散放，弃粪不收，殊为可惜。然所有穰穑等，并须收贮一处，每日布牛、羊足下三寸厚，经宿，牛以蹂践便溺成粪。平旦收聚，除置院内堆积之。每日如前法，得粪亦多。窖粪者，南方皆积粪于窖，爱惜如金，北方惟不收粪，故街道不净，地气多秽，井水多盐。使人清气日微，而浊气日盛。须当照江南之例，各家皆置坑厕，滥则出而窖之，家中不能立窖者，田首亦可置窖。拾乱砖砌

---

① 《法天生意》为窥玄子所撰，原书已佚，但被明代诸多书目引用，最早引用此书的是李时珍《本草纲目》，本草纲目撰成于1578 年，故此书肯定最迟在1578 年前已完成。

之，藏粪于中。窖熟而后用，甚美。蒸粪者，农居空闲之地，宜诛茅为粪屋，檐务低，使蔽风雨，凡扫除之土，或烧燃之灰，箕扬之糠秕，断蒿落叶，皆积其中。随即栓盖，使气薰蒸糜烂。冬月地下气暖，则为深潭，夏月不必也。酿粪者，于厨栈下深凿一池，细甃使不渗漏，每春米，则聚砻簸谷及腐草败叶，沤渍其中，以收涤器肥水，沤久自然腐烂。煨粪者，干粪积成堆，以草火煨之。煮粪者，郑司农云：'用牛粪，即用牛骨浸而煮之'，其说具'区田'中。粪既经煮，皆成清汁，树虽将枯，灌之立活。此至佳之粪也。"

1591—1621 年　☆煮粪法被徐光启创新。

◇《农书草稿》："袁了凡《农书》熟粪法，用大粪煮熟作瓮，盖与金汁同义，而速成耳。今自立一法拟之，用三四石缸作锅砌连灶，置三四缸。灶口以土墙隔之，免臭气伤人。缸上用木板盖定，烧数沸，砌水库盛之。入土七日，取起任用，粪要真，又须搅碎，用有柄大笊篱罩入锅，其粗取起入牛马粪中罨熟，用若是柴草入灰堆煨用。首锅烧一遍，二锅二遍，三锅三遍，四锅四遍。熟粪法或只用缸用坛，贮下以笼糠柴穗等煨熟之，罯久用。"

1601 年　☆看苗施追肥的技术趋于成熟。

◇《乌青志》："益以处暑正值苗之做胎，此时不可缺水。下接力都在处暑后做胎及苗色正黄之时，倘苗茂密，度其力短，候抽穗之后，每亩下饼三斗，以接其力。亦有未黄先下者，每致有好苗而无好稻。"

1613—1621 年　☆徐光启写成《粪壅规则》等八篇肥料有关的章节。

◇徐光启在天津垦种试验时曾写《农书草稿》，其种包含"粪壅规则""灰欲新粪欲陈""粪丹""广粪壤"等八篇记载肥料与施肥方法，被前辈学者胡道静誉为"古典农书论肥料学者，此称第一矣。"

1613—1621 年　☆骨头烧灰施肥的记载出现。

◇《农书草稿》："闽广人用牛猪骨灰，每亩……"又"江西人壅田，或用石灰，或用牛猪等骨灰，皆以篮盛灰，插秧用秧根蘸讫插之。"

1613—1621 年　☆关于新型肥料"粪丹"的记载出现。

◇《农书草稿》："王淦炑传粪丹：干大粪三斗，麻糁三斗或麻饼如无，用麻子、黑豆三斗，炒一、煮一、生一，鸽粪三斗。如无，用鸡鹅鸭粪亦可，黑矾六升，槐子二升，砒信五勀，用牛羊之类皆可，鱼亦可。猪脏二副，或一副，挫碎，将退猪水或牲畜血，不拘多寡，和匀一处入坑中，或缸内，泥封口。夏月日晒沤发三七日，余月用顶口火养三七日，晾干打碎为末，随子种同下。一全料可上地一顷，极发苗稼。"

◇《农书草稿》："吴云将传粪丹：于黄山顶上作过。麻饼二百斤，猪脏一两副，信十斤，干大粪一担，或浓粪二石，退猪水一担，大缸埋土中，入前料斟酌下粪，与水令浥之，得所盖定。又用土盖过四十九日，开看上生毛即成矣。挹取黑水用帚洒田中，亩不过半升，不得多用。"

◇《农书草稿》："自拟粪丹：砒一斤，黑料豆三斗。炒一斗，煮一斗，生一斗。鸟粪、鸡鸭粪、鸟兽肠胃等，或麻粞豆饼等约三五石拌和，置砖池中。晒二十一日，须封密不走气，下要不漏，用缸亦好。若冬春月，用火煨七日，各取出入种中耩上，每一斗可当大粪十石。但着此粪后，就须三日后浇灌，不然恐大热烧坏种也。用人粪牛马粪造之，皆可。造成之粪就可做丹头，后力薄再加药豆末。用硫黄亦似可，须试之。"

1640 年前后　☆花草（紫云英）被作为绿肥记载。[①]

◇《沈氏农书》："花草亩不过三升，自己收子，价不甚值，一亩草可壅三亩田。今时肥壅艰难，此项最属便利。"

1640 年前后　☆提倡养猪羊积肥。

◇《沈氏农书》："古人云：'种田不养猪，秀才不读书'，必无成功，则养猪羊乃作家第一著。"

---

① 四库馆臣称《沈氏农书》成书于崇祯末，根据陈恒力、王达等考证，此书叙述的事情都是崇祯十三年（1640 年）以前发生的，故暂定其日期为公元 1640 年。

1640 年前后　☆出现了水稻看苗施肥法，油菜的追肥技术也有所提高。

◇《沈氏农书》："下接力，须在处暑后，苗做胎时，在苗色正黄之时。如苗色不黄，断不可下接力；到底不黄，到底不可下也。若苗茂密，度其力短，俟抽穗之后，每亩下饼三斗，自足接其力。切不可未黄先下，致好苗而无好稻。盖田上生活，百凡容易，只有接力一壅，须相其时候，察其颜色，为农家最要紧机关。无力之家，既苦少壅薄收；粪多之家，每患过肥谷秕，究其根源，总为壅嫩苗之故。"

◇《沈氏农书》："菜要浇花。"

1640 年前后　☆夏天剪桑后施用谢桑粪。

◇《沈氏农书》："剪桑毕，再浇人粪，谓之'谢桑'，浇一钱多一钱之叶，毫不亏本，落得桑好。"

1640 年前后　☆长途买粪的记载出现，城乡之间的肥料贸易日益频繁。

◇《沈氏农书》："要觅壅，则平望一路是其出产。磨路、猪灰，最宜田壅。在四月、十月农忙之时，粪多贱价，当并工多买。其人粪，必往杭州，切不可在坝上买满载，当在五道前买半载，次早押到门外，过坝也有五六成粪，且新粪更肥。至于谢桑，于小满边，蚕事忙迫之日，只在近镇买坐坑粪，上午去买，下午即浇更好。"

1747 年　☆"余气相培"论提出。

◇《知本提纲》："粪壤之类甚多，要皆余气相培。即如人食谷、肉、菜、果，采其五行生气，依类添补于身；所有不尽余气，化粪而出，沃之田间，渐滋禾苗，同类相求，仍培禾身，自能强大壮盛。又如鸟兽牲畜之粪，及诸骨、蛤灰、毛羽、肤皮、蹄角等物，一切草木所酿，皆属余气相培，滋养禾苗。"

1747 年　☆《知本提纲》已将肥料划分为十类。

◇《知本提纲》："酿造粪壤，大法有十。一曰人粪……一曰牲畜粪……一曰草粪……一曰火粪……一曰泥粪……一曰骨蛤灰粪……一曰苗粪……一曰渣粪……一曰黑豆粪……一曰皮毛粪……以上十法，均农务之本，甚勿狃于故习而概弃其余也。"

1747 年　☆施肥方法被总结为"三宜"原则。

◇《知本提纲》："有时宜、土宜、物宜之分。时宜者，寒热不同，各应其候。春宜人粪、牲畜粪；夏宜草粪、泥粪、苗粪；秋宜火粪；冬宜骨蛤、皮毛粪之类是也。土宜者，气脉不一，美恶不同，随土用粪，如因病下药。即如阴湿之地，宜用火粪，黄壤宜用渣粪，沙土宜用草粪、泥粪，水田宜用皮毛蹄角及骨蛤粪，高燥之处宜用猪粪之类是也。相地历验，自无不宜。又有碱卤之地，不宜用粪；用则多成白晕，诸禾不生。物宜者，物性不齐，当随其情。即如稻田宜用骨蛤蹄角粪、皮毛粪，麦粟宜用黑豆粪、苗粪，菜蔬宜用人粪、油渣之类是也。皆贵在因物验试，各适其性，而收自倍矣。"

1757 年　☆较精确地估算出石灰施肥在数量上的临界点。

◇乾隆《湖南通志》："每亩得坏灰一百斤已足，多则咬痴泥，次年减谷。"

1820 年　☆已认识到生活水平的不同会导致人粪的养分含量不同。

◇《吴下谚联》："松江清水粪，胜如上海铁搭岔"，即松江的清水粪都比上海用铁搭捞取的干粪肥力大。因为当时（乾嘉时期）松江是府城，而上海只是辖下的一个县城，府城繁华，吃喝条件较好，自然人们的粪便肥力足。

1837 年　☆已发现大豆根上有根瘤。

◇《说文释例》："盖菽生直根。左右纤细之根不足象，惟细根之上，生豆累累，凶年则虚浮，丰年则坚好，但不可食耳，此瑞应也。"

1898 年　☆在稻田中种植浮萍作为绿肥。

◇《各省农事述》："温属各邑农人，乡蓄萍以壅田。春时萍浮水上，禾间之草，辄为所压，不能上苗。夏至时萍烂，田水为之色变，养苗最为有益。久之与土质化合，便为肥料。苗吸其液，勃然长发。每亩初蓄时，仅一二担；及至腐时，已多至二十余担。"

参考文献

（西周）姬旦著，崔记维校点 .2000. 周礼 [M]. 沈阳：辽宁教育出版社 .

（战国）吕不韦著，冀昀主编 .2007. 吕氏春秋 [M]. 北京：线装书局 .

（战国）荀况著，安继民译注 .2006. 荀子 [M]. 郑州：中州古籍出版社 .

（战国）庄子著，方勇译注 .2010. 庄子 [M]. 北京：中华书局 .

（东汉）班固著 .1962. 汉书 [M]. 北京：中华书局 .

（东汉）崔寔撰，石声汉校注 .1965. 四民月令校注 [M]. 北京：中华书局 .

（东汉）王充著 .1974. 论衡 [M]. 上海：上海人民出版社 .

（北魏）贾思勰著，缪启愉校释 .1998. 齐民要术校释 [M]. 第二版 . 北京：
  中国农业出版社 .

（唐）王冰撰注，鲁兆麟主校，王凤英参校 .1997. 黄帝内经素问 [M]. 沈
  阳：辽宁科学技术出版社 .

（宋）陈旉著，万国鼎校注 .1965. 陈旉农书校注 [M]. 北京：农业出版社 .

（宋）陈傅良 . 止斋文集 [M]. 清同治光绪间永嘉丛书本 .

（宋）程珌 .2006. 壬申富阳劝农文 [M]. 载曾枣庄，刘琳主编 . 全宋文 . 第
  297 册 . 上海：上海辞书出版社 .

（宋）韩彦直撰 .1985. 橘录 [M]. 北京：中华书局 .

（宋）韩元吉 .1985. 南涧甲乙稿 [M]. 北京：中华书局 .

（宋）梨靖德编 .1986. 朱子语类 [M]. 北京：中华书局 .

（宋）苏轼 .1985. 物类相感志 [M]. 北京：中华书局 .

（宋）吴怿撰，（元）张福补遗，胡道静校录 .1963. 种艺必用 [M]. 北京：
  农业出版社 .

（宋）吴自牧著，符均，张社国校注 .2004. 梦粱录 [M]. 西安：三秦出
  版社 .

（宋）项安世.平庵悔稿 [M].清钞本.

（金）李杲撰，彭建中点校.1997.脾胃论 [M].沈阳：辽宁科学技术出版社.

（元）大司农司编，马宗申译注.2008.农桑辑要译注 [M].上海：上海古籍出版社.

（元）脱脱等著.1975.金史 [M].北京：中华书局.

（元）王祯著，孙显斌，攸兴超点校.2015.王祯农书 [M].长沙：湖南科学技术出版社.

（元）王祯著，王毓瑚校.1981.王祯农书 [M].北京：农业出版社.

（明）陈懋仁.1985.泉南杂志 [M].北京：中华书局.

（明）耿荫楼.2002.国脉民天 [M].上海：上海古籍出版社.

（明）邝璠著，石声汉，康成校注.1959.便民图纂 [M].北京：农业出版社.

（明）李时珍著，张志斌等校注.2001.本草纲目校注 [M].沈阳：辽海出版社.

（明）马一龙.1985.农说 [M].北京：中华书局.

（明）宋应星著，潘吉星译注.2016.天工开物译注 [M].上海：上海古籍出版社.

（明）宋应星著.1976.野议.论气.谈天.思怜诗 [M].上海：上海人民出版社.

（明）陶朱公.陶朱公致富书 [M].聚文堂藏板，南京农业大学农史室藏本.

（明）王芷撰.2002.稼圃辑 [M].上海：上海古籍出版社.

（明）谢肇淛.2009.五杂组 [M].上海：上海书店出版社.

（明）徐光启原著，王重民辑校.1963.徐光启集 [M].北京：中华书局.

（明）袁黄.2000.宝坻劝农书 [M].北京：中国农业出版社.

（清）包世臣撰，王毓瑚点校.1962.郡县农政 [M].北京：农业出版社.

（清）毕沅.灵岩山人诗集 [M].清嘉庆思念经训堂刻本.

（清）陈开沚述.1956.裨农最要 [M].北京：中华书局.

（清）陈启谦.1907.农话 [M].上海：商务印书馆.

（清）陈玉璂.2002.农具记 [M].上海：上海古籍出版社.

（清）丁宜曾著，王毓瑚校点 .1957. 农圃便览 [M]. 北京：中华书局 .

（清）董诰辑 .2009. 授衣广训 [M]. 扬州：广陵书社 .

（清）鄂尔泰等撰，马宗申校注 .1992. 授时通考校注 [M]. 北京：农业出
版社 .

（清）冯绣 . 区田试种实验图说 [M]. 光绪戊申年河南官纸刷印所印 .

（清）桂馥撰 .1850—1852. 说文解字义证 [M]. 清道光三十年至咸丰二
年 . 杨氏刻连筠簃丛书本 .

（清）郭云陞撰 .2002. 救荒简易书四卷 [M]. 上海：上海古籍出版社 .

（清）郝懿行 .1879. 宝训 [M]. 国立北平研究院植物学研究所藏光绪五年本 .

（清）何刚德 .1907. 抚郡农产考略 [M]. 清光绪三十三年苏省印刷司重
印本 .

（清）贺长龄 .1887. 皇朝经世文编（第一函）[M]. 光绪己亥年中西书局校
阅石印本 .

（清）黄可润 .1754. 畿辅见闻录 [M]. 清乾隆十九年璞园刻本 .

（清）黄宗坚撰 .1900. 种棉实验说 [M]. 清光绪二十六年上海总农会石
印本 .

（清）姜皋 .2002. 浦泖农咨 [M]. 上海：上海古籍出版社 .

（清）焦秉贞编 .2013. 康熙耕织图 [M]. 杭州：浙江人民美术出版社 .

（清）李彦章撰 .2002. 江南催耕课稻编 [M]. 上海：上海古籍出版社 .

（清）梁清远 .1682. 雕丘杂录 [M]. 清康熙二十一年梁允植刻本 .

（清）刘应棠著，王毓瑚校 .1960. 梭山农谱 [M]. 北京：农业出版社 .

（清）罗绕典 .1974. 黔南职方纪略 [M]. 台北：成文出版社 .

（清）蒲松龄撰，李长年校注 .1982. 农桑经校注 [M]. 北京：农业出版社 .

（清）钱陈群 . 香树斋诗文集 [M]. 清乾隆刻本 .

（清）钱载 . 箨石斋诗集 [M]. 清乾隆刻本 .

（清）阮元，杨秉初辑，夏勇整理 .2012. 两浙輶轩录 [M]. 杭州：浙江古籍
出版社 .

（清）石成金 .2012. 传家宝全集 [M]. 北京：外文出版社 .

（清）孙宅揆 .1955. 教稼书 [M]. 载王毓瑚辑 . 区种十种 . 北京：财政经济
出版社 .

（清）汪曰桢撰 .1956. 湖蚕述 [M]. 北京：中华书局 .

（清）卫杰著 .1956. 蚕桑萃编 [M]. 北京：中华书局 .

（清）吴邦庆撰，许道龄校 .1964. 畿辅河道水利丛书 [M]. 北京：农业出版社 .

（清）奚诚 .2002. 畊心农话 [M]. 上海：上海古籍出版社 .

（清）徐珂编纂 .2010. 清稗类钞 [M]. 北京：中华书局 .

（清）杨巩辑 .1908. 中外农学合编 [M]. 光绪三十四年刻本 .

（清）杨米人著，路工编选 .1982. 清代北京竹枝词 . 十三种 [M]. 北京：北京古籍出版社 .

（清）杨屾撰，郑世铎注 .1957. 知本提纲 [M]. 载王毓瑚辑 . 秦晋农言 . 上海：中华书局 .

（清）佚名撰，肖克之校注 .2011. 治农秘术 [M]. 北京：中国农业出版社 .

（清）张潮辑 .1985. 虞初新志 [M]. 石家庄：河北人民出版社 .

（清）张履祥辑补，陈恒力校释，王达参校、增订 .1983. 补农书校释 [M]. 北京：农业出版社 .

（清）张履祥著，陈祖武点校 .2014. 杨园先生全集 [M]. 北京：中华书局 .

（清）张宗法原著，邹介正等校释 .1989. 三农纪校释 [M]. 北京：农业出版社 .

（清）赵学敏著，闫冰等校注 .1998. 本草纲目拾遗 [M]. 北京：中国中医药出版社 .

（清）赵翼撰 .1963. 陔余丛考 [M]. 北京：中华书局 .

（清）周京 . 无悔斋集 [M]. 清乾隆间刻本 .

（清）周亮工 .1985. 闽小记 [M]. 上海：上海古籍出版社 .

（清）祝庆祺等编 .2004. 刑案汇览三编 [M]. 北京：北京古籍出版社 .

（清）拙政老人 . 劝农说 [M]. 南京农业大学农史室藏咸丰丁巳年刻本 .

《安东县志》，民国二十年铅印本 .

《复县志略》，民国九年石印本 .

《广东通志》，清道光二年刻本 .

《桂平县志》，民国九年铅印本 .

《鹤峰州志》，清道光二年刻本 .

《湖州府志》，清同治十三年刊本.

《黄陵县志》，民国三十三年铅印本.

《江华县志》，清同治九年刻本.

《江津县志》，清乾隆三十三年刻本.

《梨树县志》，民国二十三年刊本.

《临武县志》，清同治六年刻本.

《龙关县新志》，民国二十三年铅印本.

《龙溪县志》，明嘉靖刻本.

《清镇县志稿（点校本）》，兴顺印刷厂，2002年.

《厦门志》，清道光十九年刊本.

《山东通志》，明嘉靖十二年刻本.

《善化县志》，清光绪三年刻本.

《顺天府志》，清光绪十二年刻十五年重印本.

《松江府续志》，清光绪十年刻本.

《威远县志》，清光绪三年刻本.

《温州府志》，明弘治十六年刻本.

《吴郡志》，宋绍定刻元修本.

《新城县志》，清同治十年刊本.

《续修陕西通志稿》，民国二十三年铅印本.

《续修盐城县志》，民国二十五年铅印本.

《宣威县志稿》，民国二十三年铅印本.

《兖州府志》，明万历二十四年刻本.

《阳原县志》，民国二十四年铅印本.

《永州府志》，清道光八年刻本.

《沅江县志》，清嘉庆二十二年刻本.

《直隶太仓州志》，清嘉庆七年刻本.

艾素珍，宋正海 .2006. 中国科学技术史（年表卷）[M]. 北京：科学出版社.

包茂宏 .2004. 中国环境史研究：伊懋可教授访谈 [J]. 中国历史地理论丛，1.

包伟民 .2014. 宋代城市研究 [M]. 北京：中华书局.

曹隆恭 .1984. 肥料史话（修订本）[M]. 北京：农业出版社 .

曹隆恭 .1986. 我国古代的油菜生产 [J]. 中国科技史料，6.

曹隆恭 .1989. 我国稻作施肥发展史略 [J]. 中国农史，1.

曾雄生，陈沐，杜新豪 .2013. 中国农业与世界的对话 [M]. 贵阳：贵州民族出版社 .

曾雄生 .2001. 试论中国传统农学理论中的"人" [J]. 自然科学史研究，1.

曾雄生 .2003. "却走马以粪"解 [J]. 中国农史，1.

曾雄生 .2003. 从江东犁到铁塔：9 世纪到 19 世纪江南的缩影 [J]. 中国经济史研究，1.

曾雄生 .2005. 下粪楼种发明于宋代 [J]. 中国科技史杂志，3.

曾雄生 .2008. 中国农学史 [M]. 福州：福建人民出版社 .

曾雄生 .2014. 中国农业通史（宋辽夏金元卷）[M]. 北京：中国农业出版社 .

柴福珍，张法瑞 .2006. 王祯《农书》中附诗的特色和读者对象解读 [J]. 古今农业，4.

陈良佐 .1971. 中国古代农业施肥之商榷 [J]. 中央研究院历史语言研究所集刊，42 本 4 分 .

陈良佐 .1974. 我国历代农田施用之泥肥 [J]. 成功大学历史学报，1.

陈树平 .2013. 明清农业史资料（1368–1911）[M]. 北京：社会科学文献出版社 .

陈文华 .2007. 中国农业通史（夏商西周春秋卷）[M]. 北京：中国农业出版社 .

陈梧桐，彭勇 .2016. 明史十讲 [M]. 北京：中华书局 .

程民生 .2004. 中国北方经济史 [M]. 北京：人民出版社 .

董恺忱，范楚玉 .2000. 中国科学技术史（农学卷）[M]. 北京：科学出版社 .

杜新豪，曾雄生 .2011. 经济重心南移浪潮后的回流——以明清江南肥料技术向北方的流动为中心 [J]. 中国农史，3.

杜新豪，曾雄生 .2014.《宝坻劝农书》与江南农学知识的北传 [J]. 农业考古，6.

杜新豪 .2012. 技术与环境：明清畿辅地区水稻种植初论 [D]. 北京：中国科学院研究生院 .

杜新豪 .2015. 传统社会肥料问题研究综述 [J]. 中国史研究动态，6.

樊志民 .1996.《吕氏春秋》与秦国农学哲理化趋势研究 [J]. 中国农史，2.

樊志民 .1996.《吕氏春秋》与中国传统农业哲学体系的确立 [J]. 农业考古，1.

樊志民 .2006. 问稼轩农史文集 [M]. 杨凌：西北农林科技大学出版社 .

范楚玉 .1991. 陈旉的农学思想 [J]. 自然科学史研究，2.

范行准 .2016. 中国医学史略 [M]. 北京：北京出版社 .

范金民 .2016. 衣被天下：明清江南丝绸史研究 [M]. 南京：江苏人民出版社 .

傅衣凌 .2008. 明清社会经济史论文集 [M]. 北京：中华书局 .

葛全胜，等 .2011. 中国历朝气候变化 [M]. 北京：科学出版社 .

葛兆光 .2013. 中国思想史：导论　思想史的写法 [M]. 上海：复旦大学出版社 .

郭文韬 .1981. 中国古代的农作制和耕作法 [M]. 北京：农业出版社 .

郭文韬 .2001. 中国传统农业思想研究 [M]. 北京：中国农业科技出版社 .

过慈明 .2013. 近代江南地区肥料史研究 [D]. 南京：南京农业大学 .

胡道静 .1983. 徐光启农学三书题记 [J]. 中国农史，3.

胡厚宣 .1955. 殷代农作施肥说 [J]. 历史研究，1.

胡火金 .2011. 协和的农业：中国传统农业生态思想 [M]. 苏州：苏州大学出版社 .

黄中业 .1980. "粪种"解 [J]. 历史研究，5.

黄宗智 .2002. 发展还是内卷？十八世纪英国与中国——评彭慕兰《大分岔：欧洲，中国及现代世界经济的发展》[J]. 历史研究，4.

黄宗智 .2014. 明清以来的乡村社会经济变迁：历史，理论与现实 [M]. 北京：法律出版社 .

黄宗智 .2010. 中国乡村研究（第 7 辑）[M]. 福州：福建教育出版社 .

惠富平 .2014. 中国传统农业生态文化 [M]. 北京：中国农业科学技术出版社 .

姜振寰，等 .1990. 技术学辞典 [M]. 沈阳：辽宁科学技术出版社 .

焦彬 .1984. 论我国绿肥的历史演变及其应用 [J]. 中国农史，1.

康旭峰 .2007. 社会史视角下的明清农书研究 [D]. 南京：南京农业大学 .

雷群明 .2000. 明代散文 [M]. 上海：上海书店出版社 .

李伯重 .1984. 明清时期江南水稻生产集约程度的提高——明清江南农业经济发展特点探讨之一 [J]. 中国农史，1.

李伯重 .1994. "天""地""人"的变化与明清江南的水稻生产 [J]. 中国经济史研究，4.

李伯重 .1999. 明清江南肥料需求的数量分析 [J]. 清史研究，1.

李伯重 .2000. "选精""集粹"与"宋代江南农业革命"——对传统经济史研究方法的检讨 [J]. 中国社会科学，1.

李伯重 .2000. 江南的早期工业化（1550—1850）[M]. 北京：社会科学文献出版社 .

李伯重 .2002. 发展与制约——明清江南生产力研究 [M]. 台北：联经出版事业股份有限公司 .

李伯重 .2009. 唐代江南农业的发展 [M]. 北京：北京大学出版社 .

李伯重 .2013. 理论，方法，发展，趋势——中国经济史研究新探（修订本）[M]. 杭州：浙江大学出版社 .

李伯重著，王湘云译 .2007. 江南农业的发展：1620—1850[M]. 上海：上海古籍出版社 .

李根蟠 .1998. 读《氾胜之书》札记 [J]. 中国农史，4.

李根蟠 .2010. 中国古代农业 [M]. 北京：中国国际广播出版社 .

李根蟠 .2011. 农业科技史话 [M]. 北京：社会科学文献出版社 .

李辉，彭光华 .2013. 道学思想对陈旉"粪药"说的影响 [J]. 农业考古，3.

李令福 .2000. 明清山东农业地理 [M]. 台北：五南图书出版有限公司 .

李埏，李伯重，李伯杰 .2012. 走出书斋的史学 [M]. 杭州：浙江大学出版社 .

李印元，郑清铭 .1999. 阳谷文史集刊 [M]. 阳谷县委员会 .

梁庚尧 .2016. 中国社会史 [M]. 上海：东方出版中心 .

梁家勉 .1989. 中国农业科学技术史稿 [M]. 北京：农业出版社 .

梁诸英 .2014. 明清徽州农家卫生设施之交易 [J]. 中国农史，4.

林蒲田 .1983. 我国古代土壤科技概述 [M]. 华南涟源地区农校 .

林蒲田 .1993. 草木灰施用考 [J]. 农业考古，1.

刘大鹏著，乔志强标注 .1990. 退想斋日记 [M]. 太原：山西人民出版社 .

刘永华 .2011. 中国社会文化史读本 [M]. 北京：北京大学出版社 .

闵宗殿 .1989. 中国农史系年要录（科技编）[M]. 北京：农业出版社 .

闵宗殿 .1994. 自然科学发展大事件（农学卷）[M]. 沈阳：辽宁教育出版社 .

闵宗殿 .2016. 中国农业通史（明清卷）[M]. 北京：中国农业出版社 .

倪根金 .2005. 生物史与农史新探 [M]. 台北：万人出版社 .

宁业高，桑传贤 .1988. 中国历代农业诗歌选 [M]. 北京：农业出版社 .

潘法连 .1993. "粪种" 的本义和粪种法——兼论粪田说是对 "粪种" 的曲解 [J]. 农业考古，1.

齐如山 .1989. 北京三百六十行 [M]. 北京：宝文堂书店 .

齐文涛 .2013. 农业阴阳论研究 [D]. 南京：南京农业大学 .

石声汉 .1956. 氾胜之书今释（初稿）[M]. 北京：科学出版社 .

石声汉 .1980. 中国古代农书评介 [M]. 北京：农业出版社 .

史晓雷 .2010. 王祯《农器图谱》新探 [D]. 北京：中国科学院研究生院 .

宋元明 .2017. 跨国的农学知识互动——以美国土壤学家富兰克林·金为中心的考察 [J]. 中国农史，1.

孙小淳 .2004. 从 "百川归海" 到 "河岸风光"——试论中国古代科学的社会、文化史研究 [J]. 自然辩证法通讯，3.

台湾省文献委员会 .1997. 台湾历史文献丛刊 . 问俗录 [M]. 台湾省政府印刷厂 .

唐力行 .2010. 江南社会历史评论（第 2 期）[M]. 北京：商务印书馆 .

万国鼎 .1957. "氾胜之书" 的整理和分析——兼与石声汉先生商榷 [J]. 南京农学院学报，2.

王次澄，等 .2011. 大英图书馆特藏中国清代外销画精华 [M]. 广州：广东人民出版社 .

王达，等 .1993. 中国农学遗产选集 . 甲类 . 第一种 . 稻（下编）[M]. 北京：农业出版社 .

王红谊 .2009. 中国古代耕织图 [M]. 北京：红旗出版社 .

王加华 .2009. 一年两作制江南地区普及问题再探讨——兼评李伯重先生之明清江南农业经济史研究 [J]. 中国社会经济史研究，4.

王建革 .1998. 人口、生态与地租制度 [J]. 中国农史，3.

王建革 .2009. 传统社会末期华北的生态与社会 [M]. 北京：三联书店 .

王建革 .2013. 水乡生态与江南社会（9—20世纪）[M]. 北京：北京大学出版社 .

王利华 .2009. 中国农业通史（魏晋南北朝卷）[M]. 北京：中国农业出版社 .

王毓瑚 .1957. 中国农学书录 [M]. 北京：中华书局 .

王毓瑚 .1955. 区种十种 [M]. 北京：财政经济出版社 .

王毓瑚 .1957. 秦晋农言 [M]. 北京：中华书局 .

王岳（署名粪夫）.1946. 中国的粪便 [J]. 家，11.

锡纯仁 .2007. 旧济南民俗三则 [J]. 春秋，4.

席文著，任安波译 .2011. 论文化籑 [J]. 复旦学报（社会科学版），6.

萧正洪 .1998. 环境与技术选择—清代中国西部地区农业技术地理研究 [M]. 北京：中国社会科学出版社 .

徐世昌编纂，沈芝盈，梁运华点校 .2008. 清儒学案 [M]. 北京：中华书局 .

徐献忠 .1983. 中国方志丛书·吴兴掌故集 [M]. 台湾：成文出版社 .

游修龄，曾雄生 .2010. 中国稻作文化史 [M]. 上海：上海人民出版社 .

游修龄 .2002. 释"却走马以粪"及其他 [J]. 中国农史，1.

游修龄 .1995. 中国稻作史 [M]. 北京：中国农业出版社 .

游修龄 .1999. 农史研究文集 [M]. 北京：中国农业出版社 .

游修龄 .2008. 中国农业通史（原始社会卷）[M]. 北京：中国农业出版社 .

远德玉 .2008. 过程论视野中的技术——远德玉技术论研究文集 [M]. 沈阳：东北大学出版社 .

远德玉 .2008. 技术是一个过程——略谈技术与技术史的研究 [J]. 东北大学学报（社会科学版），3.

苑书义，等 .1997. 艰难的转轨历程—近代华北经济与社会发展研究 [M]. 北京：人民出版社 .

张柏春，等 .2008. 传播与会通——《奇器图说》研究与校注 . 上篇《奇器图说》研究 [M]. 南京：江苏科学技术出版社 .

张波，樊志民 .2007. 中国农业通史（战国秦汉卷）[M]. 北京：中国农业出版社 .

张芳，王思明 .2002. 中国农业古籍目录 [M]. 北京：北京图书馆出版社 .

张芳，王思明 .2011. 中国农业科技史 [M]. 北京：中国农业科学技术出版社 .

张觉人著，张居能整理 .2009. 中国炼丹术与丹药 [M]. 北京：学苑出版社 .

张显清 .2008. 明代后期社会转型研究 [M]. 北京：中国社会科学出版社 .

章楷 .1962. 从《补农书》看三百年前浙西农民的施肥技术 [J]. 浙江农业科学，2.

章楷 .1984. 植棉史话 [M]. 北京：农业出版社 .

章楷 .2009. 中国植棉简史 [M]. 北京：中国三峡出版社 .

赵尔巽，等 .1977. 清史稿 [M]. 北京：中华书局 .

赵红骑 .2009. 昆山民族民间文化精粹风俗卷 . 阿婆茶：衣食住行 [M]. 上海：上海人民出版社 .

赵敏 .2013. 中国古代农学思想考论 [M]. 北京：中国农业科学技术出版社 .

赵赟 .2005. 中国古代利用矿物改良土壤的理论与实践 [J]. 中国农史，2.

郑学檬 .2003. 中国古代经济重心南移和唐宋江南经济研究 [M]. 长沙：岳麓书社 .

中国农业科学院，南京农学院中国农业遗产研究室编 .1959. 中国农学史（初稿）上册 [M]. 北京：科学出版社 .

中国农业科学院，南京农学院中国农业遗产研究室编 .1984. 中国农学史（初稿）下册 [M]. 北京：科学出版社 .

中国农业科学院土壤肥料研究所 .1962. 中国肥料概论 [M]. 上海：上海科学技术出版社 .

周广西 .2005. 论徐光启在肥料科技方面的贡献 [J]. 中国农史，4.

周广西 .2006.《沈氏农书》所载水稻施肥技术研究 [J]. 南京农业大学学报（社会科学版），1.

周广西 .2006. 明清时期中国传统肥料技术研究 [D]. 南京：南京农业大学 .

周晴 .2011. 河网、湿地与蚕桑——嘉湖平原生态史研究（9—17世纪）[D]. 上海：复旦大学 .

周昕 .2005. 中国农具发展史 [M]. 济南：山东科学技术出版社 .

朱剑心选注，王云五，丁毅音，张寄岫主编 .1947. 晚明小品文选（第4册）[M]. 上海：商务印书馆 .

朱维铮，李天纲 .2010. 徐光启全集 [M]. 上海：上海古籍出版社 .

邹怡 .2006. 明清以来徽州茶业及相关问题研究 [D]. 上海：复旦大学 .

邹怡 .2012. 明清以来的徽州茶业与地方社会 [M]. 上海：复旦大学出版社 .

邹逸麟 .1997. 黄淮海平原历史地理 [M]. 合肥：安徽教育出版社 .

[德] 李比希著，刘更另译 .1983. 化学在农业和生理学上的应用 [M]. 北京：农业出版社 .

[德] 马克思 .1962. 哲学的贫困 [M]. 北京：人民出版社 .

[德] 瓦格勒著，王建新译 .1940. 中国农书 [M]. 上海：商务印书馆 .

[法] 马克·布洛赫著 .1991. 法国农村史 [M]. 北京：商务印书馆 .

[法] 魏丕信著，徐建青译 .2003.18 世纪中国的官僚制度与荒政 [M]. 南京：江苏人民出版社 .

[韩] 崔德卿 .2011. 補農書 . 明末清初江南農業 . 施肥法 [J]. 中国史研究，第 74 辑，10.

[韩] 金永植著，潘文国译 .2003. 朱熹的自然哲学 [M]. 上海：华东师范大学出版社 .

[加] 卜正民著，陈时龙译 .2009. 明代的社会与国家 [M]. 合肥：黄山书社 .

[美] 韩书瑞，罗友枝著，陈仲丹译 .2009. 十八世纪中国社会 [M]. 南京：江苏人民出版社 .

[美] 白馥兰著，曾雄生译 .2002. 齐民要术 [M]. 载《法国汉学》丛书编辑委员会编 . 法国汉学 . 第六辑，科技史专号，北京：中华书局 .

[美] 白馥兰著，江湄，邓京力译 .2010. 技术与性别：晚期帝制中国的权力经纬 [M]. 南京：江苏人民出版社 .

[美] 卜凯 .1947. 中国土地利用 [M]. 金陵大学农学院农业经济系出版 .

[美] 卜凯著，张履鸾译 .1936. 中国农家经济 [M]. 上海：商务印书馆 .

[美] 富兰克林·金著，程存旺，石嫣译 .2011. 四千年农夫——中国，朝

鲜和日本的永续农业 [M]. 北京：东方出版社 .

[美] 李丹著，张天虹，张洪云，张胜波译 .2009. 理解农民中国：社会科学哲学的案例研究 [M]. 南京：江苏人民出版社 .

[美] 罗伯特·雷德菲尔德著，王莹译 .2013. 农民社会与文化 [M]. 北京：中国社会科学出版社 .

[美] 彭慕兰著，史建云译 .2003. 大分流：欧洲，中国及现代世界经济的发展 [M]. 南京：江苏人民出版社 .

[美] 珀金斯著，宋海文等译 .1984. 中国农业的发展（1368—1968 年）[M]. 上海：上海译文出版社 .

[美] 詹姆斯·C. 斯科特著，王晓毅译 .2012. 国家的视角——那些试图改善人类状 . 况的项目是如何失败的（修订版）[M]. 北京：社会科学文献出版社 .

[日] 渡部武解说 .1995. 華北の在来農具 [M]. 大日本農機具協会，華北産業科学研究所·華北農事試験場 .

[日] 山田庆儿 .1996. 古代东亚哲学与科技文化：山田庆儿论文集 [M]. 沈阳：辽宁教育出版社 .

[日] 斯波义信著，布和译 .2013. 中国都市史 [M]. 北京：北京大学出版社 .

[日] 天野元之助著，彭世奖，林广信译 .1992. 中国古农书考 [M]. 北京：农业出版社 .

[日] 足立启二 .2012. 明清中国の経済構造 [M]. 汲古書院 .

[英] 艾尔伯特·霍华德著，李季主译 .2013. 农业圣典 [M]. 北京：中国农业大学出版社 .

[英] 白馥兰著，吴秀杰，白岚玲译 .2017. 技术、性别、历史：重新审视帝制中国的大转型 [M]. 南京：江苏人民出版社 .

[英] 麦高温著，朱涛，倪静译 .2006. 中国人生活的明与暗 [M]. 北京：中华书局 .

[英] 沈艾娣著，赵妍杰译 .2013. 梦醒子：一位华北乡居者的人生（1857—1942）[M]. 北京：北京大学出版社 .

[英] 伊懋可著，梅雪芹等译 .2014. 大象的退却：一部中国环境史 [M]. 南京：江苏人民出版社 .

Andrew M. Watson, Agricultural Innovation in the Early-Islamic World: The Diffusion of Crops and Farming Techniques,700-1100, Cambridge University Press,2008.

Dagmar Schafer, The Crafting of 10 000 Things: Knowledge and Technology in Seventeenth-Century China, The University of Chicago Press,2011.

Daniel Varisco, Zibl and Zirā'a: Coming to Terms with Manure in Arab Agriculture. in Manure Matters: Historical, Archaeological and Ethnographic Perspectives, Edited by Richard Jones, Ashgate, 2012.

Francesca Bray, Science, Technique, Technology: Passages between Matter and Knowledge in Imperial Chinese Agriculture, The British Journal for the History of Science, Vol.41,No.3.

Francesca Bray, Technology, Gender and History in Imperial China, Routledge, 2013.

Friedrich Klemm, History of Western Technology, The MIT Press, 1964.

Joseph Needham, Science and Civilisation in China ,Volume6 Part II: Agriculture, by Francesca Bray ,Cambridge University Press, 1984.

Joseph Powell, VASO: Ethnography of a Plant Breeding Project in Northwest Portugal , PHD Dissertation, UC Santa Barbara, 2009. (unfinished)

Lynn White jr, Review Symposia on Joseph Needham's Science and Civilisation in China, ISIS ,1984.

Mark Elvin, The Pattern of the Chinese Past, Stanford University Press, 1973.

Mark Elvin,The Technology of Farming in Late –Traditional China, in Randolph Barker and Radha Sinha with Beth Rose, The Chinese Agricultural Economy, Westview Press ,1982.

Ren-Yuan Li, Making Texts in Villages: Textual Production in Rural China During the Ming-Qing Period, PHD Dissertation, Harvard University, 2014.

Richard Jones,Manure Matters: Historical ,Archaeological and Ethnographic Perspectives, Ashgate, 2012.

Roel Sterckx, The Limits of Illustration: Animalia and Pharmacopeia from Guo Pu to Bencao Gangmu, Asian Medicine, 2008(4).

Yong Xue, A "Fertilizer Revolution"? A Critical Response to Pomeranz's Theory of "Geographic Luck", Modern China, Vol. 33, No. 2.

Yong Xue," Treasure Night soil As If It Were Gold": Economic and Ecological Links Between Urban and Rural Areas in Late Imperial Jiangnan, Late Imperial China Vol. 26, No. 1.

后 记

现代农业中，农学知识的流动遵循从实验室到工厂与农田、从科学家到农民的单向模式，但在现代农业科学诞生前的漫长时代中，情况却要复杂得多。长期从事农事实践的田间老农所掌握的农学知识丝毫不逊于博览群书的文人士大夫，故孔子在樊迟请学稼时会有"吾不如老农"的感叹，贾思勰在作《齐民要术》时也需"询之老成"，经验丰富的老农成为了中国古代农学知识的权威代表。但与此同时，士大夫通过阅读农学典籍和进行农业实验也获取了丰富的农业知识，他们将自己对农事的理解编成农书和手册，试图指导农民从事农业生产。这两者之间的关系如何？他们分别在农业发展中起到了怎样的作用？这是本书所关注的议题。

本书的写作想法源自一次偶然参加的会议。2011年，刚刚结束研一课程且尚对研究一窍不通的我被业师拉去雾灵山旁听本所古代史室的年会，受业师于会上所作题为《技术传播与稻作扩展：以宋代为例》报告的启发，回所后遂依葫芦画瓢写出了学术生涯中的第一篇论文《经济重心南移浪潮后的回流——以明清江南肥料技术向北方的流动为中心》，经业师协助修改，有幸刊载于《中国农史》。当时我的主要关注点在于南北方稻作技术的流动，肥料仅是其中一个案例，并非兴趣之所在。在确定明清畿辅地区的稻作技术为硕士论文选题后，肥料史的研究便被搁置一旁。硕士毕业后，我继续追随业师读博，选题几经修改，最终决定重以肥料史为博士论文的主攻方向。本书便是在博士论文的基础上修订而成，增删亦在冥冥之中遵循陈子龙在编辑玄扈先生《农政全书》时所提的"大约删者十之三，增者十之二"的比例。虽然仍不尽如人意，但亦算是自己数年来究心肥料史的一个阶段性汇报总结。

成书之际，首先最要感谢的就是业师曾雄生研究员。2009年，蒙先生不弃，许列门墙，侍奉左右，受益匪浅。先生自谦为识字农夫，治学极为踏实严谨，待人接物谦逊和善，在农学和农事经验方面亦有很深的造诣。八年来，先生始终对我的学业给予无微不至的指导与关心，常于百忙中抽出宝贵的时间听我汇报一些不成熟甚至天马行空的想法，一直鼓励并帮助我完善自己的想法，使我从一个历史学的门外汉逐渐蜕变为一名稍窥门径的青年学者。我深知此书距先生之预期尚有很大差距，但我会在今后的科研工作中更加努力，以不辜负先生的期望。

其次则要感谢著名人类学家 Francesca Bray 教授的指点。在论文选题和撰写的过程中，我不揣冒昧，数次通过邮件或当面向 Bray 教授请益。Bray 教授将我视作她探讨中国技术史路上的一个小伙伴，不仅慷慨赠予她和其学生的未刊论文，还将一些做了笔记的肥料史资料借我使用，并允为是书作序。她在学术道路上的无私帮助，令我这位后学感激不尽。

本书中的部分章节已在不同会议及期刊上宣读和发表，承蒙与会的张法瑞、魏露苓、惠富平、刘华杰、向安强、王福昌、沈志忠等诸位教授及《中国农史》《史林》《中国史研究动态》《自然辩证法通讯》等刊物的众位匿名评审人提出的修改建议；感谢罗桂环、张柏春、张法瑞、韩毅、夏明方、徐旺生、曹幸穗、韩健平等评委在开题和答辩时给予的建设性意见；此外，游修龄、王建革、Andrew M. Watson、伊懋可教授阅读了本书的部分章节并给出建议，特致谢忱。本书的大部分篇章都是在自然科学史研究所优良宽松的学术环境中完成的。从 2009 年入所读研始，罗桂环、韩琦、张柏春、汪前进、关晓武、韩毅、田淼、孙烈等诸位先生便在学业上给予我诸多关心和指导。农史界闵宗殿、樊志民、倪根金、王思明、王利华、李群等诸位前辈也给予很多照拂，借此机会，向以上众位老师表示由衷地感谢。

自然科学史研究所图书馆的孙显斌馆长和程占京、高峰等为本书的资料搜集和文献检索提供了诸多便利，本书写作过程中还在中国国家图书馆、国家科学图书馆、上海图书馆、南京农业大学中华农业文明研究院图书馆、厦门大学图书馆、西北农林科技大学农史图书馆等查阅了诸多资料，在此一并表示感谢。

感谢曹津永、初维峰、方万鹏、耿金、李昕升、朱冠楠、吴昊、张钫、赵九洲等好友不时的鼓励与支持，特别感谢陈桂权、宋元明两位博士协助仔细校对了本书的初稿。

感谢为本书出版付出辛勤劳动的朱绯编辑。

最后，我要特别感谢我的奶奶和父母。尽管他们知道科技史是一门清冷的学科，但还是尊重我的兴趣与选择，同时在生活上与心理上给予我无私支持，每次与他们交流都能感受到莫大的鼓舞与激励，这一直是促使我不断前行的动力。

由于本书涉及的时段和区域比较大，加上每章单独撰就，之间缺乏必要的衔接和联系，虽然作者在出版之前对其进行了统一处理，但其中还会有某些重复甚至相互抵牾之处，在某种程度上影响了阅读的连贯性。庄子曰："道在屎溺"，这本以历史上的粪溺为题的小书虽微若粪壤，但愿它不要灾梨祸枣，期冀其中的某段文字哪怕可以给读者带来一丁点的启发，则作者幸甚！

2017 年 7 月于中国科学院基础科学园区